空调器

故障检测与维修
实践技能全图解

张 军　王红明 ◎ 编著

中国铁道出版社有限公司
CHINA RAILWAY PUBLISHING HOUSE CO., LTD.

内 容 简 介

本书针对空调器故障检修思路和维修技能而写，在帮助读者掌握空调器的基本结构、关键电路工作原理、维修仪器操作和电子元器件检测方法的基础上，从实践角度着重讲述了空调器安装／移机／加冷媒操作、故障判断方法与维修实战。除此之外，书中嵌入了 27 段空调器电路讲解与维修视频，方便读者扫码学习。

全书讲解紧扣维修实践，实操图片与文字标注相辅相成，旨在帮助空调器维修从业人员系统学习电子维修基础知识，并通过梳理检测思路和学习维修技能提升空调器实践维修经验；同时本书还可作为相关培训学校的教材使用。

图书在版编目（CIP）数据

空调器故障检测与维修实践技能全图解／张军，王红明
编著 . —北京：中国铁道出版社有限公司 , 2019.6
ISBN 978-7-113-25743-9

Ⅰ . ①空… Ⅱ . ①张… ②王… Ⅲ . ①空气调节器 - 故障
检测 - 图解②空气调节器 - 维修 - 图解 Ⅳ . ① TM925.120.7-64

中国版本图书馆 CIP 数据核字（2019）第 081990 号

书　　名：空调器故障检测与维修实践技能全图解
作　　者：张　军　王红明

责任编辑：荆　波　　　　　　　　读者热线：010-63560056
责任印制：赵星辰

出版发行：中国铁道出版社有限公司（100054，北京市西城区右安门西街 8 号）
印　　刷：中国铁道出版社印刷厂
版　　次：2019 年 6 月第 1 版　2019 年 6 月第 1 次印刷
开　　本：787 mm×1 092 mm　1/16　印张：17　字数：255 千
书　　号：ISBN 978-7-113-25743-9
定　　价：59.80 元

前言

一、为什么写这本书

空调器是较为复杂的电子与制冷系统相结合的电器，它的故障原因涉及的方面很多，初学者对于诸多电子元器件和复杂的制冷系统结构总有一种望而生畏的感觉，很难去理解其规律性。那么如何让初学者能够在较短时间内掌握空调器维修技能呢？其实也不难，只要"多看、多学、多问、多练"。

通过学习来掌握空调器维修的基本技能，而学习就需要一本好的空调器维修学习资料，不但有丰富的空调器电路和制冷系统的知识、还有大量的维修实操用于增加读者的经验，以指导初学者快速入门、步步提高、逐渐精通，成为空调器维修的行家里手。这就是作者写本书的目的。

本书强调动手能力和实用技能的培养，手把手的教你测量关键电路及元器件的方法，同时总结了各个空调系统中易坏元器件的检测方法，使读者快速掌握空调器维修检测技术，增加读者的实战维修能力。

二、全书学习地图

本书开篇首先介绍空调器的基本知识和各关键电路的结构与工作原理，然后讲解了空调器维修仪器操作方法、空调器元器件好坏检测实战，接着讲解了空调器安装/移机/加冷媒操作实战、空调器故障判断方法与维修经验、空调器故障测试与维修实战等。

全书全部结合实操和图解来讲，方便初学者快速掌握空调器维修技能。

三、本书特色

- 技术实用，内容丰富

本书讲解了空调器各系统的结构及工作原理，同时总结了空调器电子元器件、空调器安装、空调器移机、空调器加冷媒、空调器故障关键点测量方法、空调器故障维修实战等重要的实操技能，内容非常丰富实用。

- 大量实训，增加经验

本书结合了大量的空调器维修实践环境，配备了大量的实践操作图，总结了丰富的实践经验，读者学过这些实训内容，可以轻松掌握空调器维修操作技能。

- 实操图解，轻松掌握

本书讲解过程使用了直观图解的同步教学方式，上手更容易，学习更轻松。读者可以一目了然地看清空调器故障维修操作过程，快速掌握所学知识。

四、读者定位

本书精准定位于空调器故障检测思路和实践维修技能，旨在帮助有着基本电子维修经验的空调器维修人员锻炼技能和提升实践经验。

本书中也系统地讲解了空调器维修的基本理论和实践，也可作为培训机构、技工学校、职业高中和职业院校的参考教材。

五、即扫即看二维码视频

专门为本书制作的27段空调器维修讲解和实操视频，以二维码形式嵌入书中相应章节，读者可实现即扫即看。

六、本书作者团队

参加本书编写的人员有贺鹏、王红明、韩海英、付新起、韩佶洋、多国华、多国明、李传波、杨辉、连俊英、孙丽萍、张军、刘继任、齐叶红、刘冲、多孟琦、王伟伟、田宏强、王红丽、高红军、马广明、丁兰凤等。

由于作者水平有限，书中难免有疏漏和不足之处，恳请业界同仁及读者朋友提出宝贵意见。

七、感谢

一本书的出版，从选题到出版，要经历很多环节，在此感谢中国铁道出版社有限公司以及负责本书的荆波编辑和其他没有见面的编辑，不辞辛苦，为本书出版所做的大量工作。

编　者

2019年5月

目录

第3章　空调器元器件好坏检测实战 …………………… **112**

第1章

看图识空调器的结构及工作原理

　　空调是空气调节器的简称，相信很多人都不陌生，但是空调内部结构大家了解多少呢？空调是如何制冷和制热的呢？估计还是有很多人不了解空调内部结构和工作原理的。为了帮助大家更好的学习空调器维修技术的学习，首先来讲解一下空调内部的结构组成及工作原理。

1.1 空调器的内外结构

在学习空调器维修之前，首先对空调器的内外结构做一个详细地了解，这样可以更好地掌握空调的运行原理和功能。

1.1.1 空调器总体结构

从外观看空调器主要由室内机、室外机和遥控器组成，其中室内机和室外机之间用连接管和电缆连接，如图1-1所示为空调器的结构。

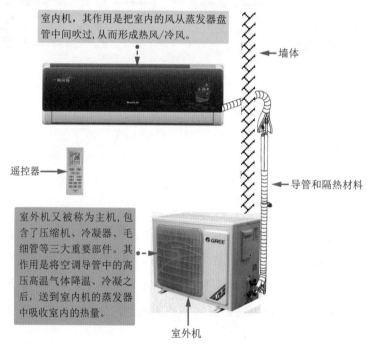

室内机，其作用是把室内的风从蒸发器盘管中间吹过，从而形成热风/冷风。

← 墙体

遥控器 →

← 导管和隔热材料

室外机又被称为主机，包含了压缩机、冷凝器、毛细管等三大重要部件。其作用是将空调导管中的高压高温气体降温、冷凝之后，送到室内机的蒸发器中吸收室内的热量。

室外机

图1-1 空调器的结构

1.1.2 室内机结构

分体空调室内机主要由外壳、蒸发器、贯流风扇、导风板、空气过滤网、清洁滤尘网、吸气栅、驱动电机、电路板和电加热器、排水管等部件组成。

典型分体壁挂式空调器室内机的机壳结构示意图，如图1-2所示。

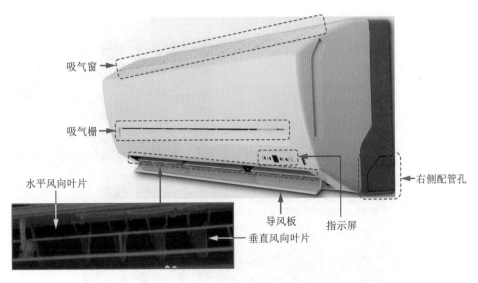

吸气窗

吸气栅

水平风向叶片

导风板

指示屏

右侧配管孔

垂直风向叶片

图1-2　室内机的机壳结构

室内机的内部结构如图1-3所示。

吸气窗

空气过滤网

清洁滤尘网

蒸发器

吸气窗

外壳

图1-3　室内机的内部结构

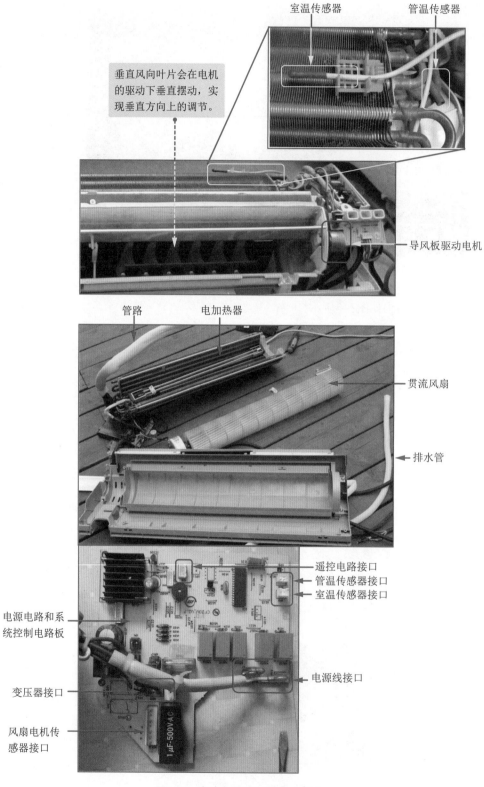

室温传感器　　管温传感器

垂直风向叶片会在电机的驱动下垂直摆动，实现垂直方向上的调节。

导风板驱动电机

管路　　电加热器

贯流风扇

排水管

遥控电路接口
管温传感器接口
室温传感器接口

电源电路和系统控制电路板

电源线接口

变压器接口

风扇电机传感器接口

图1-3　室内机的内部结构（续）

典型分体柜式空调器室内机的结构示意图，如图1-4所示。

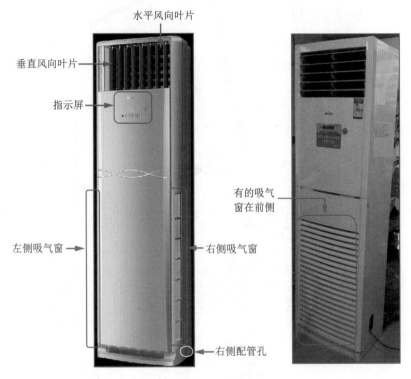

图1-4　柜式室内机的外部结构

柜式室内机的内部结构如图1-5所示。

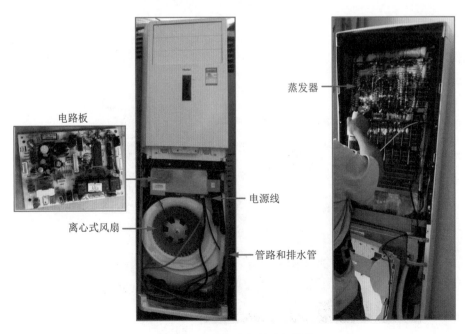

图1-5　柜式室内机的内部结构

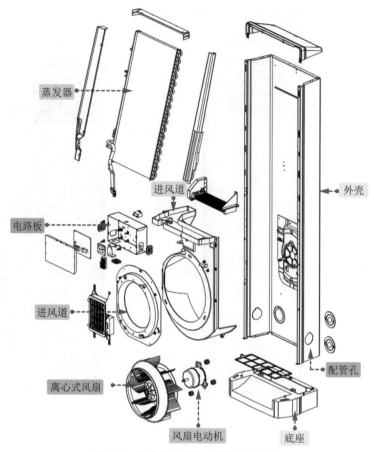

蒸发器

进风道

电路板

进风道

离心式风扇

风扇电动机

外壳

配管孔

底座

图1-5　柜式室内机的内部结构（续）

1.1.3　室外机结构

分体空调器的室外机主要由外壳、截止阀、冷凝器、轴流风扇、压缩机、干燥过滤器、毛细管、连接管、电路板等组成，如图1-6所示。

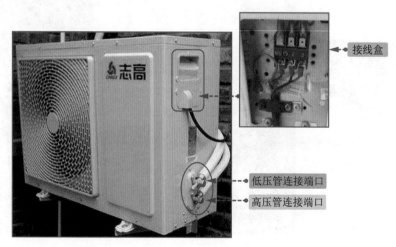

接线盒

低压管连接端口

高压管连接端口

图1-6　室外机内部结构

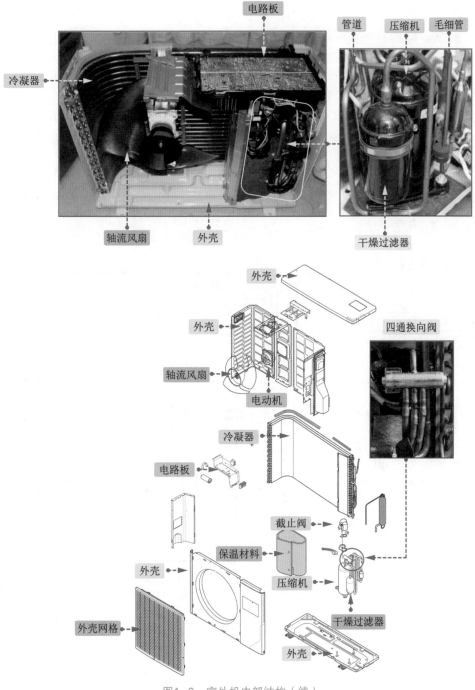

图1-6 室外机内部结构（续）

1.2 空调器各系统结构详解

在空调器中，包括制冷系统、通风系统、电源供电电路、电气控制系统等，下面详细讲解。

1.2.1 制冷系统组成结构详解

空调制冷系统的作用是通过其内部的制冷剂压缩、冷凝、节流、蒸发等4个过程依次不断循环，进而达到制冷/制热的目的。

空调器的制冷系统主要由压缩机、冷凝器、蒸发器、毛细管、四通阀、汽液分离器、干燥过滤器、制冷剂、冷媒管、贯流式风扇、轴流风扇等所组成。这些部件都是互相焊接并安装在箱体内的。如图1-7所示为空调器制冷系统组成结构图。

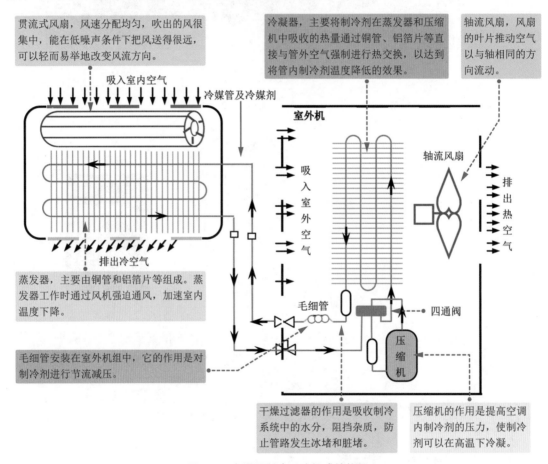

图1-7　空调器制冷系统组成结构图

1. 压缩机

压缩机是制冷系统的心脏，无论是空调、冷库等都需要有压缩机这个重要的设备来实现制冷。如图1-8所示为空调中的压缩机。

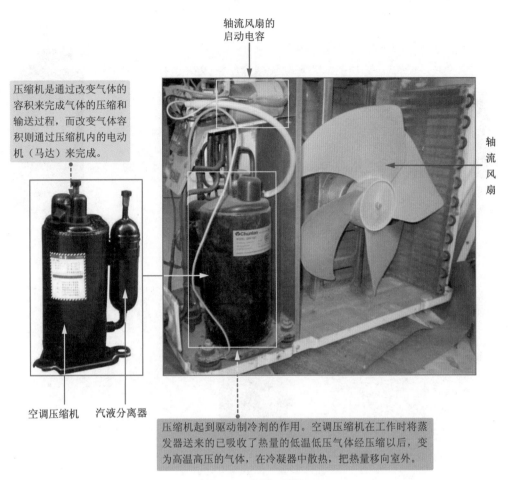

压缩机是通过改变气体的容积来完成气体的压缩和输送过程，而改变气体容积则通过压缩机内的电动机（马达）来完成。

轴流风扇的启动电容

轴流风扇

空调压缩机　　汽液分离器

压缩机起到驱动制冷剂的作用。空调压缩机在工作时将蒸发器送来的已吸收了热量的低温低压气体经压缩以后，变为高温高压的气体，在冷凝器中散热，把热量移向室外。

图1-8　空调压缩机

空调制冷压缩机种类和形式很多，目前常用的压缩机主要有三种：变频式压缩机、往复式压缩机和旋转式压缩机。

（1）变频式压缩机

变频压缩机是指通过一种控制方式来改变压缩机的转速，在一定范围内连续调节，而使消耗功率与风量成线性比例，以达到连续改变输出能量的压缩机。如图1-9所示。变频式压缩机特点是制冷制热迅速、高效节能、具有舒适恒定的温度控制。

（2）旋转式压缩机

旋转式压缩机的电机无需将转子的旋转运动转换为活塞的往复运动，而是直接带动旋转活塞作旋转运动来完成对制冷剂蒸气的压缩。如图1-10所示。旋转式压缩机更适合于小型空调器，特别是在家用空调器上的应用更为广泛。

变频压缩机

变频控制器电路

变频压缩机可以分为两部分，一部分是变频控制器，就是我们常说的变频器；另一部分是压缩机。变频控制器的原理是将电网中的交流电转换成方波脉冲输出。通过调节方波脉冲的频率（即调节占空比），就可以控制驱动压缩机的电机转速。频率越高，转速也越高。

图1-9 变频压缩机

旋转式压缩机为了防止把大量的制冷剂直接吸入气缸内，产生液击，在吸气回路的压缩机前部设有气液分离器。当润滑油和制冷剂一旦进入器内则制冷剂在气液分离器内蒸发，压缩机吸入的是气体；润滑油从气液分离器下方的小孔中缓缓地连续少量进入压缩机，用这种方法防止液击。

旋转式压缩机由于活塞作旋转运动，压缩工作圆滑平稳，平衡。另外旋转式空压机没有余隙容积，无再膨胀气体的干扰，因此相对于往复式压缩机具有：压缩效率高、零部件少、体积小、重量轻、平衡性能好、噪音低、防护措施完备和耗电量小等优点。

图1-10 旋转式压缩机

（3）往复式压缩机

往复式压缩机属于容积式压缩机，是使一定容积的气体顺序地吸入和排出封闭空间提高静压力的压缩机。往复式压缩机的内部主要有气缸、活塞、曲轴、电机等组成；外部有排气管、回气管、工艺管、和接线盒等。如图1-11所示为往复式压缩机。

工作时，压缩机内的活塞运动使气缸内的容积发生变化，当活塞向下运动的时候，汽缸容积增大，进气阀打开，排气阀关闭，空气被吸进来，完成进气过程

当活塞向上运动的时候，气缸容积减小，出气阀打开，进气阀关闭，完成压缩过程。

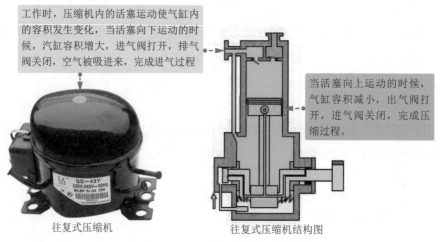

往复式压缩机　　　　　往复式压缩机结构图

图1-11 往复式压缩机

2．冷凝器

空调冷凝器即室外热交换器，被安装在空调的室外机组中。它的作用是散热，即将制冷剂在蒸发器和压缩机中吸收的热量通过铜管、铝箔片等直接与管外空气强制进行热交换，以达到将管内制冷剂温度降低的效果。如图1–12所示。

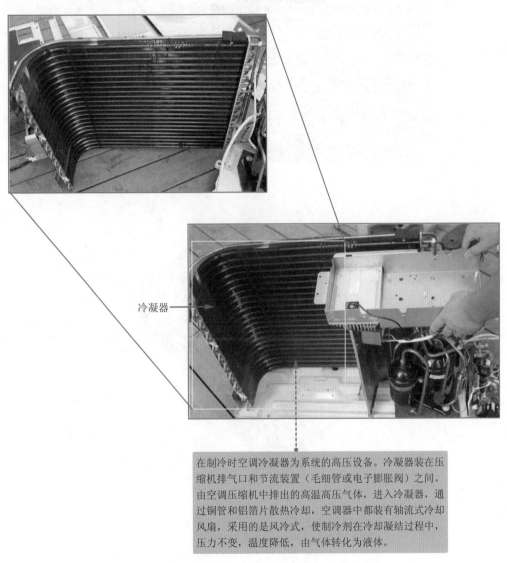

冷凝器

在制冷时空调冷凝器为系统的高压设备。冷凝器装在压缩机排气口和节流装置（毛细管或电子膨胀阀）之间。由空调压缩机中排出的高温高压气体，进入冷凝器，通过铜管和铝箔片散热冷却，空调器中都装有轴流式冷却风扇，采用的是风冷式，使制冷剂在冷却凝结过程中，压力不变，温度降低，由气体转化为液体。

图1–12　空调冷凝器

3．蒸发器

空调蒸发器安装在空调室内机组中，它的结构和冷凝器相似，主要由铜管和铝箔片等组成。如图1–13所示。空调蒸发器工作时通过风机强迫通风，加速室内温度下降。

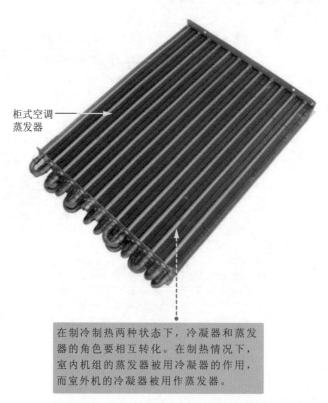

壁挂式空调
蒸发器

空调蒸发器的主要
作用是吸热。即利
用液态低温制冷剂
在低压下易蒸发，
转变为蒸气并吸收
室内空气中的热量，
从而使周围空气温
度下降，达到制冷
目的。

柜式空调
蒸发器

在制冷制热两种状态下，冷凝器和蒸发
器的角色要相互转化。在制热情况下，
室内机组的蒸发器被用冷凝器的作用，
而室外机的冷凝器被用作蒸发器。

图1-13　空调蒸发器

4. 毛细管

毛细管安装在室外机组中，它的作用是对制冷剂进行节流减压。空调中的毛细管一般被用于10kW以下的小型氟利昂制冷装置。如图1-14所示。

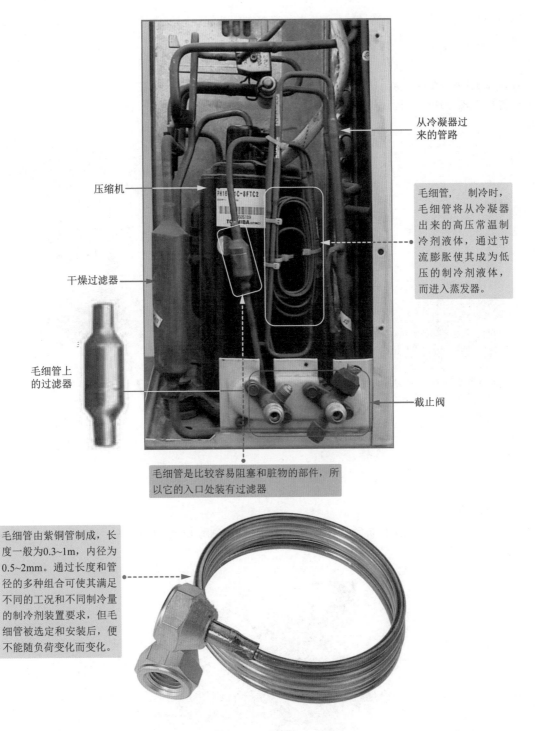

压缩机

干燥过滤器

毛细管上
的过滤器

从冷凝器过
来的管路

毛细管，制冷时，
毛细管将从冷凝器
出来的高压常温制
冷剂液体，通过节
流膨胀使其成为低
压的制冷剂液体，
而进入蒸发器。

截止阀

毛细管是比较容易阻塞和脏物的部件，所
以它的入口处装有过滤器

毛细管由紫铜管制成，长
度一般为0.3~1m，内径为
0.5~2mm。通过长度和管
径的多种组合可使其满足
不同的工况和不同制冷量
的制冷剂装置要求，但毛
细管被选定和安装后，便
不能随负荷变化而变化。

图1-14　毛细管

5. 膨胀阀

膨胀阀是制冷系统中的另一个重要部件，它主要起着节流降压和调节流量的作用，同时它还有防止湿压缩和液击以保护压缩机及异常过热的功能。膨胀阀主要由阀体、感温包、平衡管等3大部分组成。如图1-15所示。

膨胀阀一般安装于储液筒和蒸发器之间，膨胀阀以感温包的温度变化作为信号，调节阀开合，改变制冷剂的流量。膨胀阀通常应用于一些大型空调或商业空调，小型家用空调通常用毛细管来实现此功能。

平衡管的一端接在蒸发器出口，且距感温包稍远的位置上，通过毛细管直接与阀体连接。作用是传递蒸发器出口的实际压力给阀体。阀体内有二膜片，膜片在压力作用下向上移动使通过膨胀阀的制冷剂流量减小，在动态中寻求平衡。

感温包内充注的是处于气液平衡饱和状态的制冷剂。感温包的位置十分重要，有时它决定制冷装置的工作性能好坏。欲得到满意的膨胀阀控制，首先感温包同蒸发器的制冷剂管路之间要有良好的接触。才能将蒸发器管路内制冷剂的温度传递给感温包。

平衡管

阀体

感温包

图1-15　膨胀阀

6. 四通阀

四通阀是指具有4个油口的控制阀。四通阀是制冷设备中不可缺少的部件。如图1-16所示。

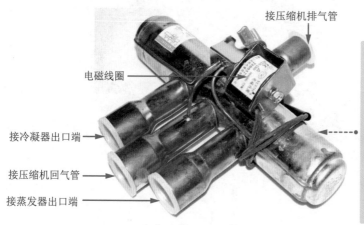

接压缩机排气管

电磁线圈

接冷凝器出口端

接压缩机回气管

接蒸发器出口端

四通阀一共有4根连接管，最上面的管道与压缩机排气管连接；下面有三根连接管，其中，中间的接管与压缩机的回气管连接，左边的接道与室外机的热交换器入口端连接，右边的接管通过配管与室内机的热交换器的出口端连接。

图1-16　四通阀

四通阀通常设置在室外机组中，在上门设置有四
通阀线圈，它有两根蓝色的引线。当线圈得到供
电，产生的电磁力能够移动四通阀内部的衔铁，
在两端压力差的作用下，会带动阀芯移动，从而
改变制冷剂在制冷系统中的流向，使系统根据需
要改变制冷或制热的模式。

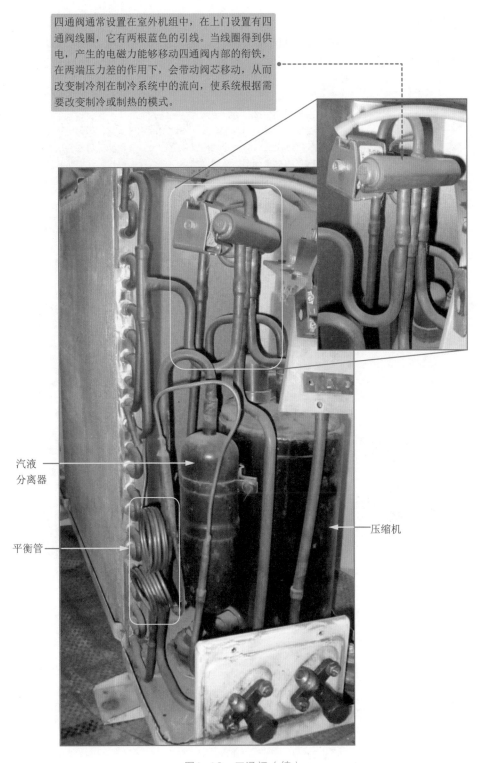

汽液
分离器

平衡管

压缩机

图1-16 四通阀（续）

7．汽液分离器

汽液分离器又称储液罐，是压缩机的重要部件，起到贮藏、汽液分离、过滤、消音和制冷剂缓冲的作用。汽液分离器主要由筒体、进气管、出气管、滤网等零部件组成，如图1-17所示。

在空调系统运行中，无法保证制冷剂能完全汽化，也就是从蒸发器出来的制冷剂会有液态的制冷剂进入储液器内，由于没有汽化的液体制冷剂比气体重，会直接落在储液器筒底，汽化的制冷剂则由储液器的出口进入压缩机内，从而防止了压缩机吸入液体制冷剂造成液击。

汽液分离器被安装在空调蒸发器和压缩机吸气管部位，主要用于防止液体制冷剂流入压缩机而产生液击的保护部件。

气液分离器　　压缩机　　干燥过滤器

图1-17　汽液分离器

一般两匹以下的旋转式压缩机与汽液分离器连接为一体，两匹以上的压缩机与汽液分离器单独安装。

8．干燥过滤器

在空调制冷系统中，干燥过滤器的作用是吸收制冷系统中的水分，阻挡系统中的杂质，防止制冷系统管路发生冰堵和脏堵。如图1-18所示为干燥过滤器。

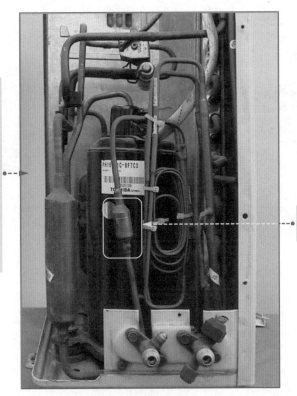

由于系统最容易堵塞的部位是毛细管，因此干燥过滤器通常安装在冷凝器与毛细管之间。空调器使用的干燥过滤器比冰箱使用的干燥过滤器短而粗。过滤器内有黄铜丝过滤网，它可以把杂质过滤下来。过滤器是一次性的，损坏都需更换新的过滤器，旧的不能再使用。

连接毛细管的过滤器

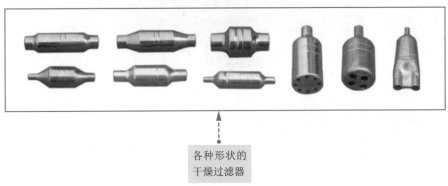

各种形状的干燥过滤器

图1-18　干燥过滤器

9. 制冷剂

制冷剂是制冷过程中传递热量的媒介，被喻为制冷系统的血液。也被称为雪种、冷媒。它是在制冷系统中不断循环并通过其本身的状态变化以实现制冷的工作物质。制冷剂在蒸发器内吸收被冷却介质（水或空气等）的热量而汽化，在冷凝器中将热量传递给周围空气或水而冷凝。

制冷剂是一种卤素化合物，属氟里昂系列。空调器中的制冷剂与冰箱中的制冷剂是不同的，它是中温高压型，主要有R22和R410A等。如图1-19所示。

R-22也称为氟利昂-22，化学名是二氟一氯甲烷，分子式为CHClF2，在常温下为无色，近似无味的气体，不燃烧、无腐蚀、毒性极微，加压可液化为无色透明的液体，为 HCFC 型制冷剂。R-22广泛用于家用空调、中央空调和其他商业制冷设备。

R410A是一种混合制冷剂，它是由50%R32（二氟甲烷）和50%R125（五氟乙烷）组成的混合物。R410A外观无色，不浑浊，易挥发，沸点-51.6℃，凝固点-155℃。

R410A是一种新型环保制冷剂，不破坏臭氧层，工作压力为普通R-22空调的1.6倍左右，制冷（暖）效率高，提高空调性能。

图1-19 制冷剂

10. 冷媒管

空调冷媒管是指在空调系统中，制冷剂流经的连接换热器，阀门，压缩机等主要制冷部件的管路。如图1-20所示。

冷媒管路

空调冷媒管通常采用铜管。冷媒管道连接室外主机和室内机。冷媒管路较长。冷媒管路过长，膨胀阀门一般要采用外平衡观模式，以应对蒸发器入口到压缩机吸气口的压降。

图1-20 冷媒管

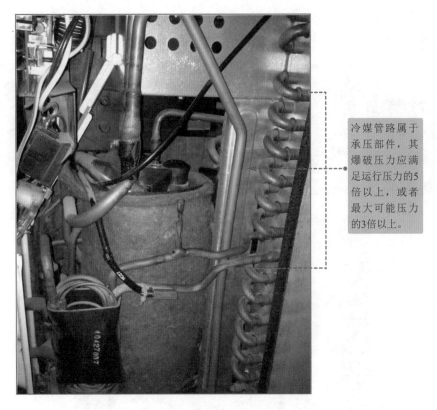

冷媒管路属于承压部件，其爆破压力应满足运行压力的5倍以上，或者最大可能压力的3倍以上。

图1-20　冷媒管（续）

1.2.2　通风系统组成结构详解

空调器的通风系统主要包括室内机空气循环系统（包括摆风系统）和室外机空气循环系统。室内机空气循环系统用于将空气吸入空调器内，经过滤网与室内侧热交换器进行热量交换后，再将降温或升温后的空气吹入室内。如图1-21所示。同时室外机将室外空气吸入，进行热交换后，再吹到室外。分体式空调器室内机、室外机两个通风系统是相互独立的。

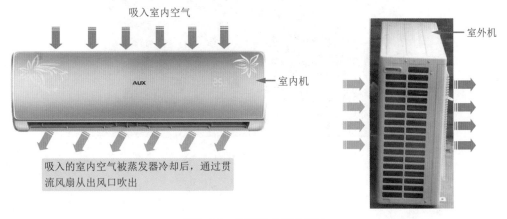

吸入室内空气

室内机

室外机

吸入的室内空气被蒸发器冷却后，通过贯流风扇从出风口吹出

图1-21　空调器的通风系统

分体式空调器的通风系统主要由进/出风格栅，贯流风扇、空气过滤器，风扇电机，轴流风扇和离心风扇等组成。如图1-22所示。

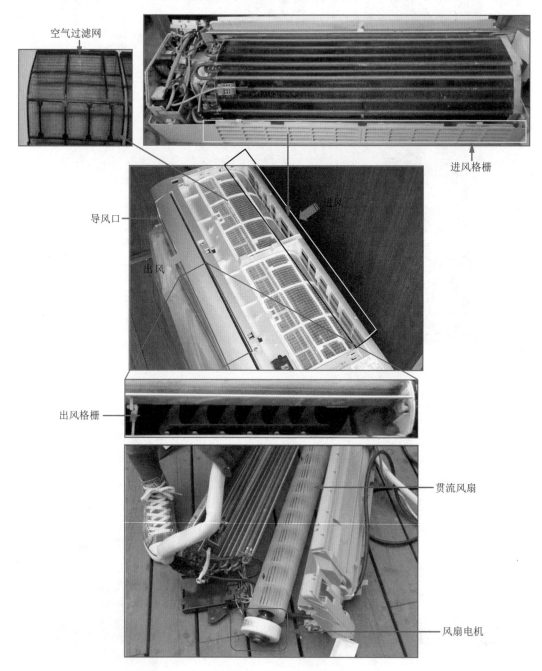

空气过滤网

进风格栅

导风口

进风

出风

出风格栅

贯流风扇

风扇电机

（a）壁挂式空调室内机通风系统

图1-22　家用空调通风系统

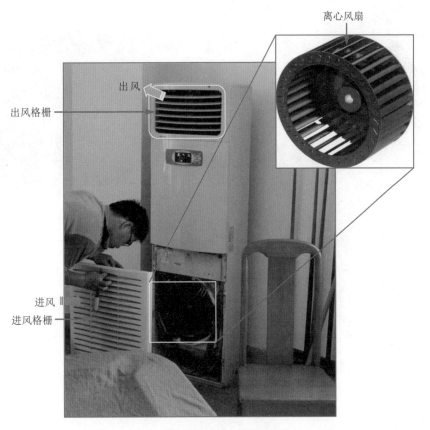

（b）立柜式空调室内机通风系统

（c）室外机通风系统

图1-22　家用空调通风系统（续）

（c）室外机通风系统（续）

图1-22　家用空调通风系统（续）

1. 空调中的风扇

家用空调器的中的风扇一般有轴流风扇、离心风扇和贯流风扇等3种。如图1-23所示。

轴流风扇主要安装在分体式空调室外机中，它的作用是使空气流动来冷却冷凝器。轴流风扇可将冷凝器中散发的热量强制吹向室外。

轴流风扇一般用ABS塑料注塑成形，轴流风扇的特点是效率高、风量大、价低、省电，缺点是风压较低、噪声较大。

轴流风叶结构简单，叶片数一般为3~4片，因风扇进风侧压力低，出风侧压力高，空气始终沿轴向流动，将冷凝器中散发的热量直接吹到室外

（a）轴流风扇

图1-23　空调中的风扇

贯流风扇风扇的特点是转速高、噪声小，因此被广泛应用于室内机上。

室内机中的贯流

风扇电机

贯流风扇主要用在分体壁挂式空调器的室内机中，这种风扇一般由叶轮、叶片、轴承和电机等组成

贯流风扇的叶轮和叶片

贯流风扇的电动机

贯流风扇的轴向尺寸很宽，风扇叶轮直径小，呈细长圆筒状，贯流风叶的叶片采用向前倾斜式，气流沿叶轮径向流入，贯穿叶轮内部，然后沿径向从另一端排出。

（b）贯流风扇

离心风扇主要用在窗式空调器或分体立柜式空调器室内机组中。

离心风扇由叶片、叶轮、轮圈和轴承等组成，

叶片通常为倾斜向前式，均匀排列在两个轮圈之间

离心风扇的作用是将室内的空气吸入，再由离心风扇叶轮压缩后，经蒸发器冷却或加热，提高压力并沿风道送向室内。

离心风扇在室内电机带动下高速旋转时，在扇叶的作用下产生离心力，中心形成负压区，使气流沿轴向吸入风扇内，然后沿轴向朝四周扩散，为使气流定向排出，在离心风扇的外面还装有一个泡沫涡壳，在涡壳的引导下，气流沿出风口流出。离心风扇的结构紧凑、风量大、噪声比较低，而且随着转速的下降，噪音明显下降，叶轮材质主要采用AS或增强ABS塑料、铝合金或镀锌薄钢板。

（c）离心风扇

图1-23　空调中的风扇（续）

2. 空调风扇电动机

空调器中的风扇电动机为离心风扇、轴流风扇、贯流风扇和摆风系统提供动力。空调器对风扇电动机的要求一般是：噪声低、振动小、运转平稳、效率高、质量轻、体积小和转速调节方便灵敏。如图1-24所示为空调中的电动机。

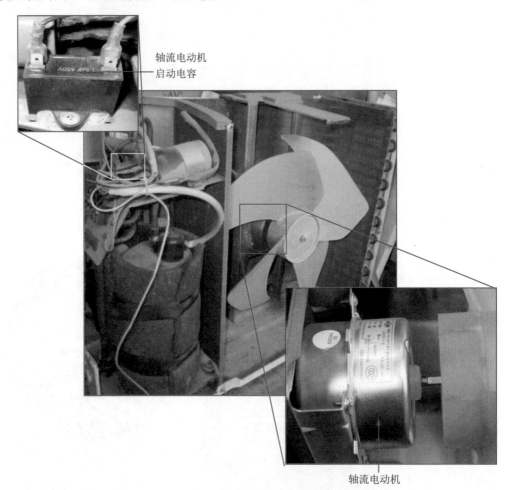

轴流电动机启动电容

轴流电动机

（a）室外机中的轴流风扇电动机

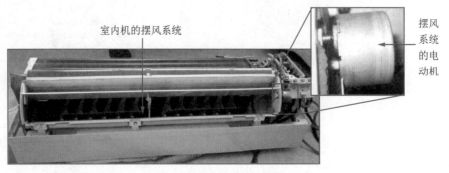

室内机的摆风系统

摆风系统的电动机

（b）室内机中的摆风系统电动机

图1-24　空调中的主要电动机

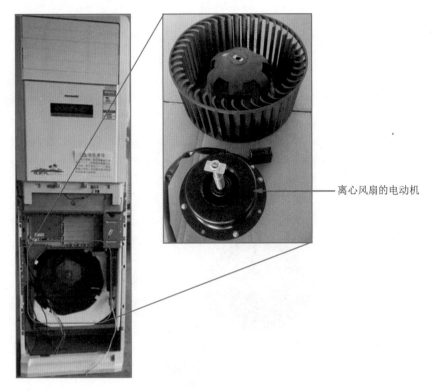

离心风扇的电动机

（c）柜式空调室内机中的离心风扇电动机

贯流风扇
电动机

（d）空调室内机中的贯流风扇电动机

图1-24　空调中的主要电动机（续）

3. 过热保护器

电动机的过热保护器是为保护电动机而设置的，主要作用是防止过载或堵转时温度过高而烧毁电动机的绕组，如图1-25所示为电动机的过热保护器。

分体式空调器室内机组的电动机一般都采用外置式过热保护器，这种保护器是可恢复性的。过热保护器串联在主电源回路中，一旦电动机温升过高，保护器就切断整个电路；而等电动机温度降低到正常值后，保护器又能自动恢复接通。

分体式空调器室外机组的电动机一般采用内置式过热保护器，温度过高时过热保护器切断电源，电动机停止工作，不会影响到其他元器件。这种保护器一般是不可恢复性的。

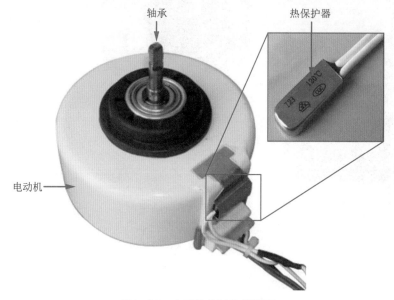

图1-25　电动机的过热保护器

4. 空气过滤器

空气过滤器是空调中的空气过滤装置，主要用于洁净室内空气。如图1-26所示为空气过滤器。

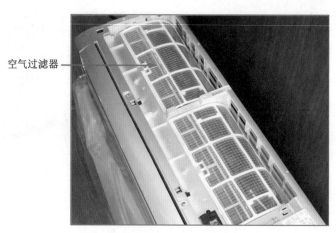

图1-26　空气过滤器

空气过滤器一般由人造纤维滤材制成，外框是由塑料制成。

空气过滤器既能有效地拦截尘埃粒子，又不对气流形成过大的阻力。杂乱交织的纤维形成对粒子的无数道屏障，纤维间宽阔的空间允许气流顺利通过。

图1-26　空气过滤器（续）

5. 导风系统

空调器的导风系统是一种安装在室内壁挂式空调下方或立柜式空调上方，用来改变空调出风方向的导风装置，根据用户需求可以改变空调冷风的出风方向，能有效避免空调冷风对人直吹的危害，远离空调病，还能够节能节电，释放负离子，改善室内空气。如1-27所示。

水平导风板　　　　垂直导风板

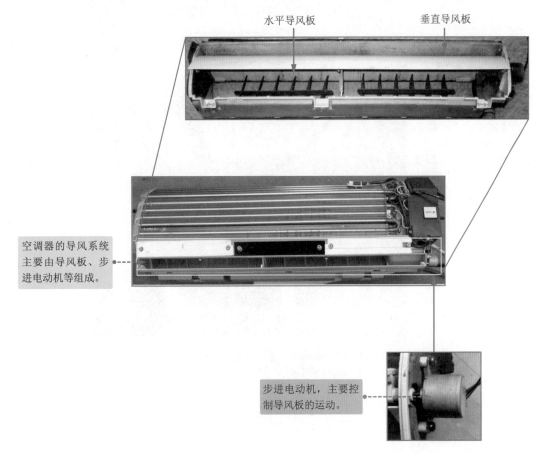

空调器的导风系统主要由导风板、步进电动机等组成。

步进电动机，主要控制导风板的运动。

图1-27　空调的导风系统

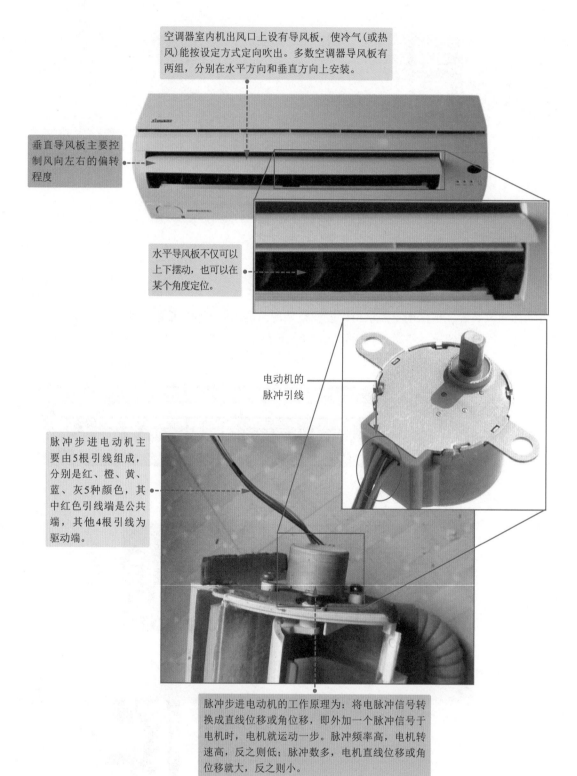

空调器室内机出风口上设有导风板，使冷气(或热风)能按设定方式定向吹出。多数空调器导风板有两组，分别在水平方向和垂直方向上安装。

垂直导风板主要控制风向左右的偏转程度

水平导风板不仅可以上下摆动，也可以在某个角度定位。

电动机的脉冲引线

脉冲步进电动机主要由5根引线组成，分别是红、橙、黄、蓝、灰5种颜色，其中红色引线端是公共端，其他4根引线为驱动端。

脉冲步进电动机的工作原理为：将电脉冲信号转换成直线位移或角位移，即外加一个脉冲信号于电机时，电机就运动一步。脉冲频率高，电机转速高，反之则低；脉冲数多，电机直线位移或角位移就大，反之则小。

图1-27　空调的导风系统（续）

小知识：利用导风板动作判断室内机控制功能是否正常。

先拔下空调器电源插头，用手将室内机导风板拨开一个角度；然后插上电源插头，如果导风板能自动合拢，可以证明控制板功能基本正常。任何壁挂式空调器，用遥控器关机后，只要没有拔掉电源插头，导风板都应能自动合拢。

小知识：脉冲步进电机的工作电压主要有直流5V和12V两种。

6. 通风格栅

空调器的通风格栅主要是为了使空气能更好地被吸进空调与蒸发器和冷凝器进行热交换。空调格栅主要有百叶型和栏杆型，如图1-28所示为空调器中的通风格栅。

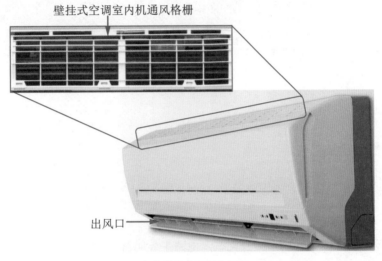

（a）壁挂式空调室内机

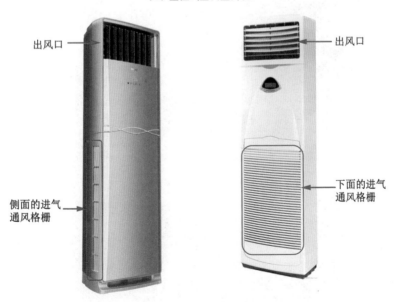

（b）立柜式空调室内机

图1-28 通风格栅（续）

室外机出气
通风格栅

（c）空调室外机

图1-28　通风格栅（续）

1.2.3　电源供电电路组成结构详解

　　空调电源供电电路主要将220V供电电压转换成空调各个系统需要的工作电压（如300V、15V、3.3V等）。电源供电电路主要的元器件包括交流电220V输入接口、熔断器、压敏电阻、滤波电容、互感滤波器、整流二极管、桥式整流堆、开关控制芯片、光电耦合器、开关变压器、稳压二极管等。如图1-29所示为开关电源电路主要元器件。

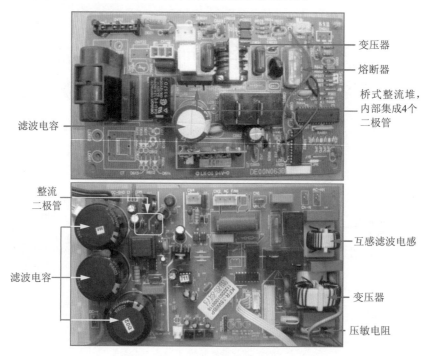

变压器

熔断器

桥式整流堆，
内部集成4个
二极管

滤波电容

整流
二极管

滤波电容

互感滤波电感

变压器

压敏电阻

图1-29　开关电源电路主要元器件

1. 熔断器

熔断器又叫熔丝，可以称之为电源电路中的保险丝。熔断器在空调电源电路的主要作用就是过流保护和短路保护。如图1-30所示为电路中常见的熔断器。

熔断器在空调电源电路的主要作用就是过流保护和短路保护。

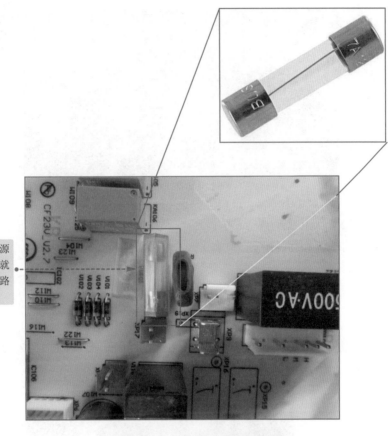

当空调电路发生故障时，电路中的电流会因为故障而不断升高，这样就会损坏电路中的某些重要的元器件和电路，此时熔断器就会自动熔断切断电流，从而起到保护电路的作用。

图1-30 空调器电路中的熔断器

2. 压敏电阻

压敏电阻通常被并联在电源电路中，它的作用就是当电阻两端的电压发生变化并超出额定值的时候，压敏电阻的电阻就会急剧变小，呈现短路状态，此时串联在电路中的熔断器就会自动熔断，进而起到保护电路的作用。如图1-31所示为电路中的压敏电阻。

压敏电阻的作用是当电阻两端的电压发生变化超出额定值的时候，压敏电阻的电阻就会急剧变小，呈现短路状态，此时串联在电路中的熔断器就会自动熔断，进而起到保护电路的作用。

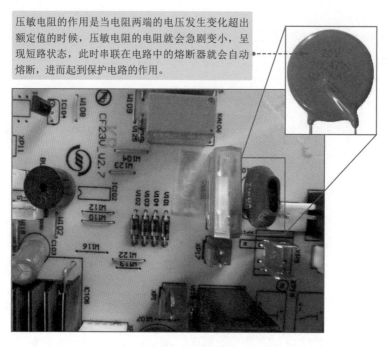

图1-31　压敏电阻

3. 高频滤波电容

在电源电路中还有很多高频滤波电容，它们在电源电路中的作用主要是过滤交流电中的高频脉冲信号，防止这些高频脉冲信号对开关电源电路的干扰。如图1-32 交流滤波电路中的滤波电容。

图1-32　高频滤波电容

4. 互感滤波电感

互感滤波电感的作用与滤波电容相似，电源电路中的互感滤波电感如图1-33所示。

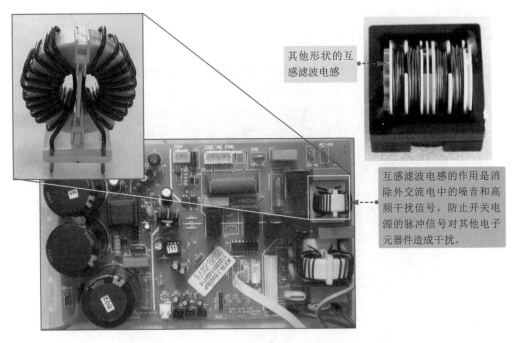

其他形状的互感滤波电感

互感滤波电感的作用是消除外交流电中的噪音和高频干扰信号，防止开关电源的脉冲信号对其他电子元器件造成干扰。

图1-33　互感滤波电感

5. 桥式整流堆

在电源电路中桥式整流堆的作用是将220V交流电压整流为310V的直流电压。如图1-34所示为桥式整流堆。

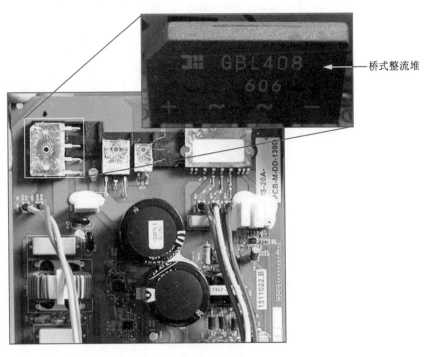

桥式整流堆

图1-34　电源电路中的桥式整流堆

在维修检测时我们可以检测每只二极管的正、反向阻值来判断桥式整流堆是否正常。如图1-35所示为桥式整流堆及其内部结构图。

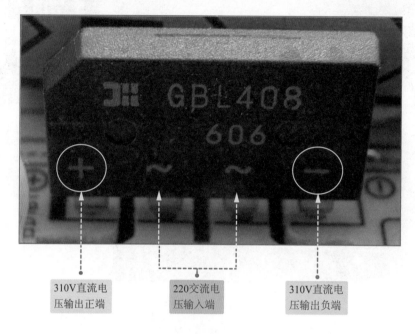

310V直流电压输出正端　　220交流电压输入端　　310V直流电压输出负端

（a）桥式整流堆

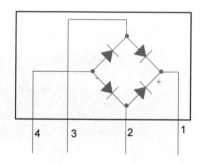

（b）桥式整流堆内部结构

图1-34　桥式整流堆及其内部结构图

6. 大容量滤波电容

大容量滤波电容在电源电路中的作用主要是对310V或24V直流电压进行滤波，使其变的平滑稳定。如图1-35所示为大容量滤波电容。

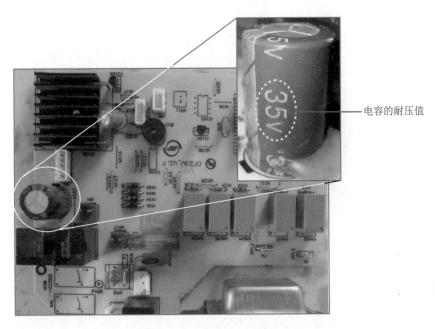

电容的耐压值

图1-35　电源电路中的滤波电容

7. 开关变压器

开关变压器利用电磁感应的原理来改变交流电压，它由初级线圈、次级线圈和铁芯组成。如图1-36所示为开关变压器。

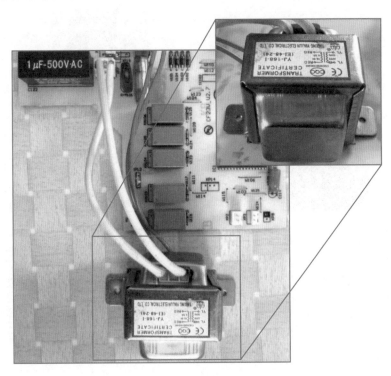

图1-36　开关变压器

8. 开关控制芯片

在开关电源电路中，开关控制芯片的作用是将直流电转变为脉冲电流，它内部的开关管与开关变压器构成一个自激式的间歇振荡器。如图1-37所示开关控制芯片。

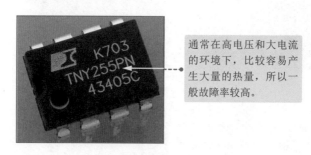

通常在高电压和大电流的环境下，比较容易产生大量的热量，所以一般故障率较高。

图1-37　开关控制芯片

9. 光耦合器

光电耦合器是以光为媒介传输电信号的一种电-光-电转换器件。它由发光源和受光器两部分组成。光电耦合器的主要作用是将电源输出电压的误差反馈到开关控制器芯片上，然后开关控制器根据反馈信号调整输出的脉冲信号，达到调节变压器输出电压的目的。

光电耦合器对输入、输出电信号有良好的隔离作用，所以，它在各种电路中应用较广。在空调电源电路中被广泛的应用于电源电路、通讯电路、检测电路等电路中。

如图1-38所示为光电耦合器及内部结构图。

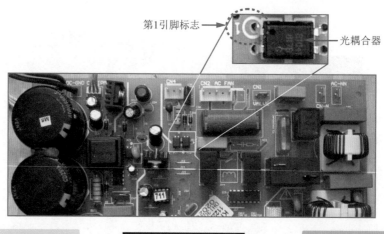

第1引脚标志

光耦合器

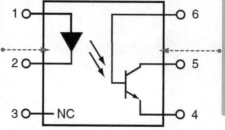

光耦合器一般由三部分组成：光的发射（发光源）、光的接收（受光器）及信号放大。将它们组装在同一密闭的壳体内，彼此间用透明绝缘体隔离。

发光源的引脚为输入端，受光器的引脚为输出端，常见的发光源为发光二极管，受光器为光敏二极管、光敏三极管等。

图1-38　光电耦合器及其内部结构图

1.2.4 电气控制系统组成结构详解

空调器电气控制系统的作用有以下5方面：

（1）提供压缩机、风扇电动机等各种电动机的驱动电压。

（2）自动检测室内温度的变化情况，与用户设置的温度值进行比较，并控制压缩机的运行时间，实现制冷、制热控制。

（3）接收用户利用遥控器发出的操作指令，改变空调的工作状态。

（4）利用保护电路，保护控制压缩机等设备在工作环境异常的情况下不被损毁。

（5）自动除霜控制。在室外温度低于0℃制热时，每隔一段时间，自动启动除霜功能，以保证空调的制热效果。

空调器典型的电气控制系统主要由室内机电路和室外机电路两部分构成。其中室内机电路主要包括电源电路、微处理器、风机驱动电路、通讯电路、传感器电路、遥控电路等。室外机电路主要包括电源电路、电压检测电路、电流检测电路、微处理器电路、IPM模块、通讯电路、传感器电路、四通阀驱动电路、风机驱动电路、故障指示灯电路等。如图1-39所示。

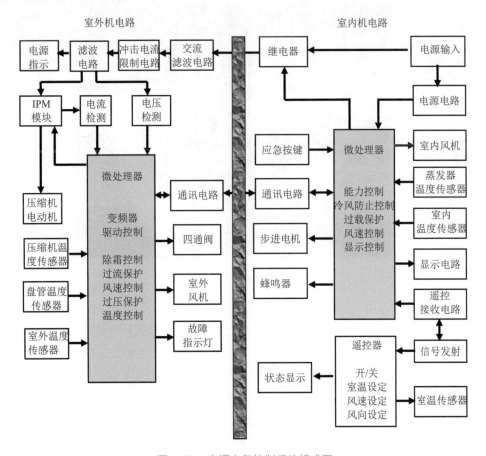

图1-39 空调电气控制系统组成图

空调器的电气控制系统有很多关键的控制部件，如过载保护器、继电器、电加热器、超温熔断器和交流接触器等，下面详细讲解。

1. 过载保护器

（1）作用及分类

过载保护器全称是压缩机过载过热保护器，顾名思义它的作用就是保护压缩机不被过热、过流而损坏。

空调器采用的过载保护器主要有外置式和内藏式两种，内藏式过载保护器装于压缩机里面，直接感受压缩机电机绕组的温度，检测灵敏度较高。外置式过载保护器装在压缩机的接线盒内，开口端紧贴在压缩机的外壳上，以便随时感受机壳温度，灵敏度稍低。如图1-40所示为常见的过载保护器。

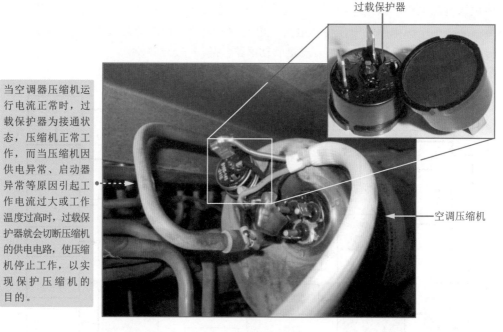

当空调器压缩机运行电流正常时，过载保护器为接通状态，压缩机正常工作，而当压缩机因供电异常、启动器异常等原因引起工作电流过大或工作温度过高时，过载保护器就会切断压缩机的供电电路，使压缩机停止工作，以实现保护压缩机的目的。

图1-40 常见过载保护器

（2）构成及工作原理

下面我们用市面上常采用的碟形过载保护器为例来介绍过载保护器的构成和工作原理。

当电流过大时，电阻丝温度升高，此时双金属片就会反向弯曲，使触点分离，从而切断压缩机的供电回路。同样当压缩机外壳的温度过高时，双金属片也会受热变形，使触点分离，切断供电电路，实现保护压缩机的目的。如图1-41所示为碟形过载保护器内部构成示意图。

2. 继电器

继电器是一种电子控制器件，当输入量（如电流、电流等）达到规定值时，它可以使被控制的输出电路导断或断开，通常应用于自动控制电路。如图1-42所示为常见继电器。

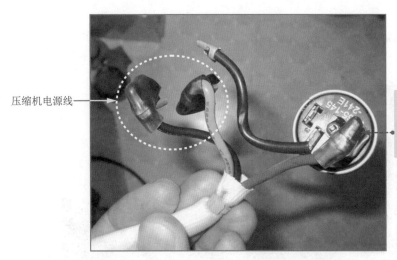

压缩机电源线

通常串联于压缩机的供电电路中，开口端紧贴在压缩机的外壳上。

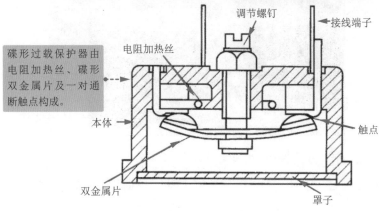

调节螺钉

接线端子

碟形过载保护器由电阻加热丝、碟形双金属片及一对通断触点构成。

电阻加热丝

本体

触点

双金属片

罩子

图1-41　碟形过载保护器内部构成示意图

（a）电磁继电器

（b）固态继电器

图1-42　继电器

常见继电器有电磁继电器和固态继电器两种，这两种在各种家用电器的电路中是经常用到的。

（1）电磁继电器

电磁继电器是利用输入电路内电流在电磁铁铁芯继电器与衔铁间产生的吸力作用而工作的一种电气继电器。如图1-43所示为空调器室外机电路板上的电磁继电器。

电磁继电器在空调器中一般接在室外机的电路板上，主要用于控制小功率的单相压缩机的电源通断。

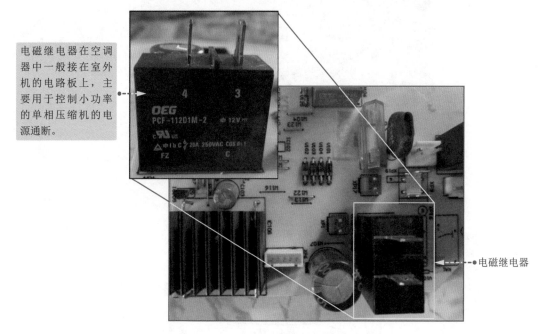

电磁继电器

图1-43 室外机电路板上的电磁继电器

电磁继电器由电磁铁、弹簧、衔铁、触点簧片等组成的。当线圈通电后就会产生磁力，衔铁就会在电磁力吸引下克服弹簧的拉力吸向铁芯，进一步带动触点吸合。当线圈断电后，电磁的吸力也随之消失，衔铁就会在弹簧的反作用力下返回原来的位置，使动触点与原来的静触点释放。通过这样的吸合、释放，从而控制电路中的导通和切断。如图1-44所示为电磁继电器的结构图。

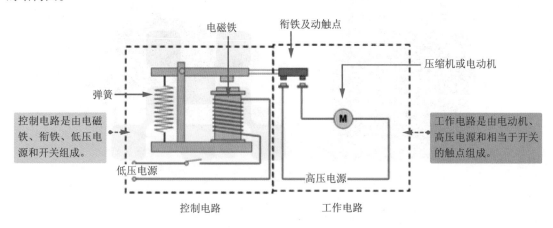

电磁铁

衔铁及动触点

压缩机或电动机

弹簧

控制电路是由电磁铁、衔铁、低压电源和开关组成。

工作电路是由电动机、高压电源和相当于开关的触点组成。

低压电源

高压电源

控制电路

工作电路

图1-44 电磁继电器结构图

从图中可以看出，电磁继电器工作电路分为低压控制电路和高压工作电路。连接好工作电路，在常态时，电动机和高压电源间未连通，工作电路断开。将开关闭合，衔铁被电磁铁吸下来，动触点同时与两个静触点接触，使高压电源给电动机供电，电动机开始转动。这时弹簧被拉长，观察到工作电路被接通。断开开关，电磁铁失去磁性，对衔铁无吸引力。衔铁在弹簧的拉力作用下回到原来的位置，动触点与静触点分开，工作电路被切断，电动机停止转动。

（2）固态继电器

固态继电器的两个引脚为输入端，另外两个引脚为输出端，中间采用隔离器件实现输入、输出的电隔离。固态继电器按照负载电源类型又可以分为交流型和直流型，交流型固态继电器的控制器为双向可控硅，而直流型固态继电器的控制器件多为场效应管。如图1-45所示。

图1-45　固态继电器

3. 电加热器

电加热器顾名思义就是在通电后开始发热的元器件。在空调器中采用电加热器可以分为取暖加热器和辅助加热器两种。如图1-46所示为空调器中常用的加热器。

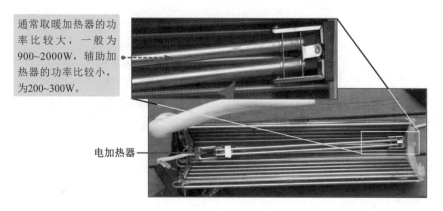

图1-46　空调器中的加热器

由于取暖加热器、辅助加热器的工作原理基本相同，下面以取暖加热器为例进行介绍。

具有制热功能的空调器是通过加热器加热，并在室内机风扇的配合下，为室内提供热量，实现取暖的目的。

常见的取暖加热器有电加热管、裸线加热器和PTC加热器等3种，如图1-47~图1-49所示。

电加热管将电阻丝装在带有结晶氧化镁的圆形金属套管内，并添加绝缘材料制成。

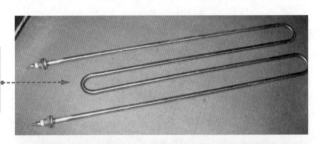

电加热管具有绝缘性能好、功率大、防振和防潮等优点。

图1-47　电加热管

裸线加热器是将电阻丝、绝缘层及瓷绝缘子安装到钢板上而成。它具有加热快、效率高等优点，但也存在易漏电的缺点。因此，采用此类加热器的空调器必须要设置可靠的接地装置。

图1-48　裸线加热器

PTC型是一种新型的加热器，PTC型加热器采用正温度系数（PTC）热敏电阻作为发热器件。

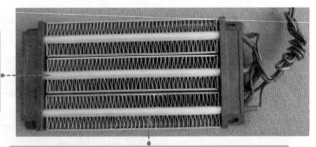

PTC加热器具有寿命长、加热快、效率高、自动恒温、适应供电范围强和绝缘性能好等优点。另外，该发热器的散热片是利用铝合金做成波纹形，再经粘、焊而成的。

图1-49　PTC加热器

4. 超温熔断器

超温熔断器也称过热熔断器或温度保险丝，常见的超温熔断器如图1-50所示。

超温熔断器的作用就是当它检测到的温度达到标称值后，它内部的熔体自动熔断，切断发热源的供电电路，使发热源停止工作，实现超温保护。

图1-50　超温熔断器

5. 交流接触器

交流接触器是根据电磁感应原理做成的、广泛使用的电力自动控制开关，常见的交流接触器实物如图1-51所示。

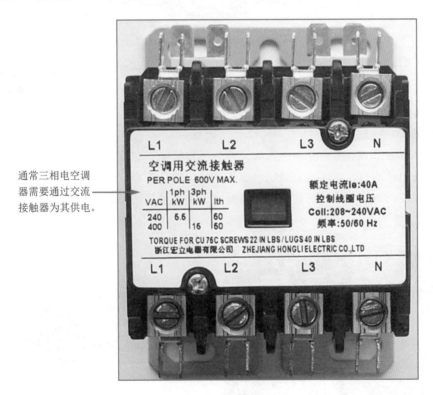

通常三相电空调器需要通过交流接触器为其供电。

图1-51　交流接触器

交流接触器由灭弧系统、触点系统和电磁系统构成，如图1-52所示。

交流接触器的触点由银钨合金制成，具有良好的导电性和耐高温烧蚀性。交流接触器的动作动力来源于衔铁（电磁铁），电磁铁由两个E字形铁芯构成，其中一半是静铁芯，在其上面套有线圈。工作电压有多种可供选择。为了使磁力稳定，衔铁的吸合面安装了短路环，交流接触器在断电后，依靠弹簧复位。另一半是动铁芯，用于控制触点的通、断。

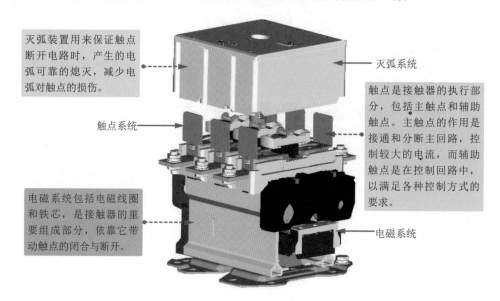

灭弧装置用来保证触点断开电路时，产生的电弧可靠的熄灭，减少电弧对触点的损伤。

灭弧系统

触点是接触器的执行部分，包括主触点和辅助触点。主触点的作用是接通和分断主回路，控制较大的电流，而辅助触点是在控制回路中，以满足各种控制方式的要求。

触点系统

电磁系统包括电磁线圈和铁芯，是接触器的重要组成部分，依靠它带动触点的闭合与断开。

电磁系统

图1-52　电磁式交流接触器结构

当线圈没有供电时，线圈不产生磁场，动铁芯不动作，触点处于断开状态，交流接触器不能为压缩机供电；当线圈有电压输入时，线圈产生的磁场使触点吸合，交流接触器开始为压缩机供电，压缩机开始工作。

6. IPM模块

IPM（Intelligent Power Module）模块又称为变频模块，它是实现由直流电转变为交流电从而驱动压缩机运转的关键器件。它是一种智能功率模块，它将6个IGBT管连同其驱动电路和多种保护电路封装在一起，从而简化了设计，提高了整个系统的可靠性。如图1-53所示为IPM模块和内部结构。

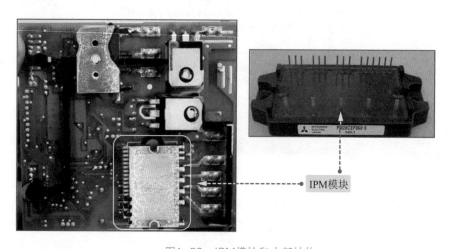

IPM模块

图1-53　IPM模块和内部结构

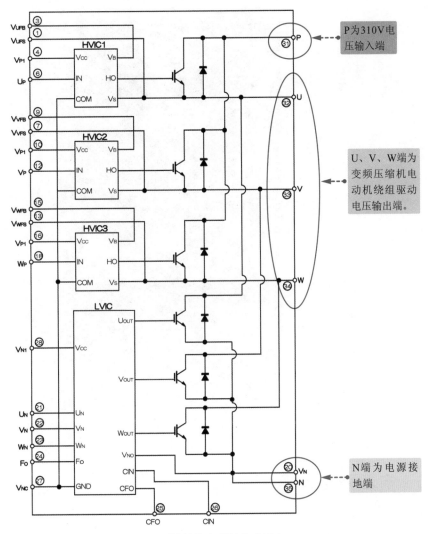

图1-53 IPM模块和内部结构（续）

IPM模块内置栅极驱动和保护电路，保护功能有控制电源欠压锁定保护、过热保护和短路保护，一些六管封装的C型模块还具有过流保护功能。当其中任一种保护功能动作时，IGBT栅极驱动单元就会关断门极电流，并输出一个故障信号。此故障信号送到微处理器，然后由微处理器发出控制信号，关断IPM输入端电压，达到保护的目的。

7. 变频器

变频器是变频空调室外机特有的电路模块，变频器电路模块主要由电源电路、室外机控制电路、IPM模块驱动电路等构成。如图1-54所示。

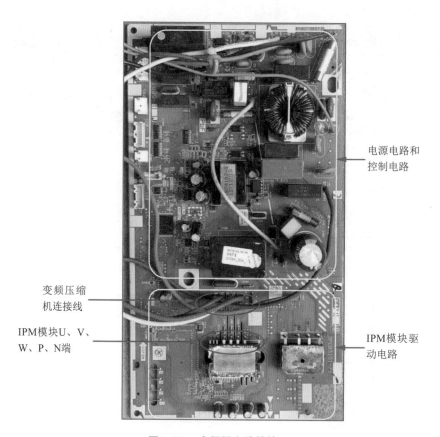

电源电路和
控制电路

变频压缩
机连接线

IPM模块U、V、
W、P、N端

IPM模块驱
动电路

图1-54　变频器电路模块

1.3　空调器工作原理详解

1.3.1　空调器制冷系统工作原理

　　液体由液态变为气态时会大量吸收热量，使周围的温度下降，简称为液体汽化吸热。空调器、电冰箱等制冷设备就是利用液体（制冷剂）汽化吸热来制冷的。

（即扫即看）

1. 空调制冷原理

　　空调制冷系统工作原理示意图如图1-55所示。空调器主要采用蒸气压缩制冷循环方式，对于蒸气压缩式制冷，其工作原理就是使制冷剂在压缩机、冷凝器、毛细管和蒸发器等热力设备中进行压缩、放热、节流和吸热等4个主要的热力过程，以完成制冷循环。

　　首先，压缩机将从室内蒸发器流出的低温低压的制冷剂蒸气压缩，压缩成高温高压的气体，并使蒸气的压力提高到与冷凝温度对应的冷凝压力，从而保证制冷剂蒸气能在常温下被冷凝液化。压缩过程是一个升压升温过程，而制冷剂经压缩机压缩后，温度也升高了。

　　接下来制冷剂蒸气被排入室外冷凝器冷凝，这样可以将制冷剂蒸气冷凝为液态。冷凝过程是一个恒压放热过程，在高温的制冷剂蒸气通过冷凝器的金属盘管和散热片时，在轴流风扇的配合下，制冷剂将热量传给冷凝器周围的空气，同时制冷剂降温冷却冷凝为高压常温的液体。由于冷凝器冷凝得到的液态制冷剂的冷凝温度和冷凝压力要高于蒸发温度和蒸发压力，在进入蒸发器前需让它降压降温。所以接下来高压液体制冷剂会进入毛细管降温降压。通过毛细管节流后，制冷剂会变成低温低压的液体。

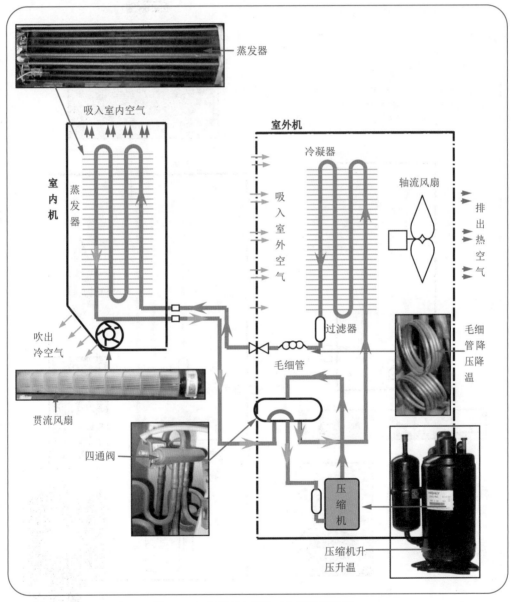

图1-55　空调制冷系统工作原理示意图

小知识：由于液态制冷剂通过毛细管时流动阻力会降压，并伴随着一定程度的散热和少许的汽化，因此通过毛细管节流的过程是一个降压降温的过程。

变成低温低压的制冷剂接下来会进入室内机的蒸发器，与房间内的空气进行热交换。这时，液态的制冷剂由于吸收室内空气中的热量由液体变成气体，并变成低温低压蒸汽，然后重新进入室外机的压缩机中，重复上述制冷循环。

在制冷过程中，蒸发器表面的温度通常低于被冷却的室内空气露点温度，凝结水不断从蒸发器表面流出，所以空调器需要有凝结水排出管。

2. 空调制热原理

空调器制热系统工作原理如图1-56所示。

（即扫即看）

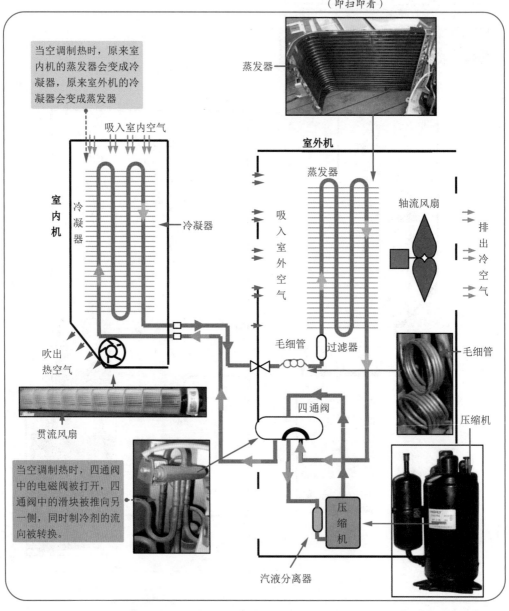

图1-56　空调制热系统工作原理示意图

当空调器制热时，原来室内机的蒸发器会变成冷凝器，原来室外机的冷凝器会变成蒸发器，此时空调系统中的四通阀中的电磁阀被打开，四通阀中的滑块被推向另一侧，同时制冷剂的流向被转换。

这时，从压缩机出来的高温高压制冷剂蒸汽被排向室内机的冷凝器中冷凝，经过冷凝后变为高压高温的制冷剂液体，然后再经过毛细管节流后变为低温低压的液体，变成低温低压的制冷剂接下来会进入室外机的蒸发器，与室外的空气进行热交换。这时，液态的制冷剂由于吸收室外空气中的热量由液体变成气体，并变成低温低压蒸汽，然后重新进入压缩机中，重复上述制热循环。

小知识：电热型空调器是在上述空调器的基础上增加一个发热元件，用电来产生热能，由空调器中的风机送出。电热可单独或与热泵同时开启产生热量，但产生单位热量使用电热所需的电能要高于热泵。

1.3.2 空调器通风系统工作原理

空调器的通风系统的主要是将空气吸入空调内部，经蒸发器或冷凝器后，排出空调器，达到温度交换的目的。下面分别讲解壁挂式空调和柜式空调通风系统工作原理。

1. 分体壁挂式空调通风系统工作原理

（1）室内机通风系统工作原理

室内机通风系统工作原理如图1-57所示。

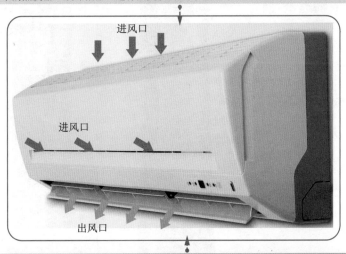

对于分体壁挂式空调的室内机，在空调器开始工作后，通风系统中的导风板被打开，同时，室内机中的贯流风扇开始运转，从上方将室内的空气吸入室内机。被吸入的空气首先通过空气过滤器进行除尘、灭菌、除臭，然后与室内机中的蒸发器（或冷凝器）进行热交换而成为冷空气（或热空气）。

接着冷空气（或热空气）沿风道经导风板导风后，从出风格栅吹向室内。这样，室内空气经通风系统不断地吸入和吹出，不仅使室内空气的温度、湿度发生变化，而且使室内空气变得清新舒适。

图1-57 室内机通风系统

（2）室外机通风系统工作原理

空调室外机通风系统工作原理如图1-58所示。

在空调器开始工作后，室外机内部的轴流风扇开始旋转，将室外的空气从进风格栅吸入室外机，并吹向冷凝器（或蒸发器）进行热交换变成热空气（或冷空气）。接着热空气（或冷空气）通过出风格栅排出，从而实现室外通风系统的功能。

图1-58　空调室外机通风系统工作原理

2．分体立柜式空调通风系统工作原理

柜式空调通风系统工作原理与壁挂式空调通风系统工作原理基本相同，如图1-59所示。

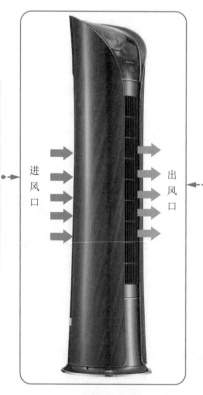

分体立柜式空调室内机开始工作后，室内机上部通风系统中的导风板被打开，同时，离心风扇开始运转，从下方或侧部将室内的空气吸入室内机内部。被吸入的空气首先通过空气过滤器进行除尘、灭菌、除臭等净化后，跟室内机中的蒸发器（或冷凝器）进行热交换而成为冷空气（或热空气）。

接着冷空气（或热空气）沿风道经导风板导风后，从上部的出风格栅吹向室内。这样，室内空气经通风系统不断地吸入和吹出，不仅使室内空气的温度、湿度发生变化，而且使室内空气变得清新舒适。

图1-59　立柜式空调室内机通风系统

说明：分体立柜式空调器室外机通风系统的工作原理与壁挂式空调器室外机通风系统工作原理相同，这里不再赘述。

1.3.3 空调器电源供电电路工作原理

各个空调器厂家在设计空调器电源供电电路时，根据功能和需要，采用的电源电路会有所不同，但总体来说其工作原理基本类似。下面详细讲解空调器电源电路工作原理。

1. 采用"变压器降压+稳压器调压"方式的电源供电电路工作原理

采用空调变压器降压+稳压器调压方式的电源供电电路主要由：交流滤波电路、变压器、整流滤波电路、线性稳压器电路等组成。如图1-60所示为电源供电电路工作原理图。

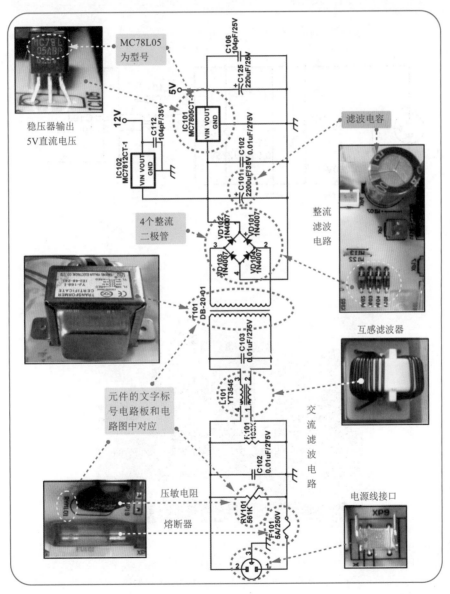

图1-60 变压器降压+稳压器电源电路图

接下来详细讲解各单元电路的工作原理。

（1）交流滤波电路工作原理

交流滤波电路在空调器电源电路中的主要作用是负责过滤掉220V交流电中的噪声和脉冲干扰，另外交流滤波电路还起到了过流保护和过压保护的作用。如图1-61所示。

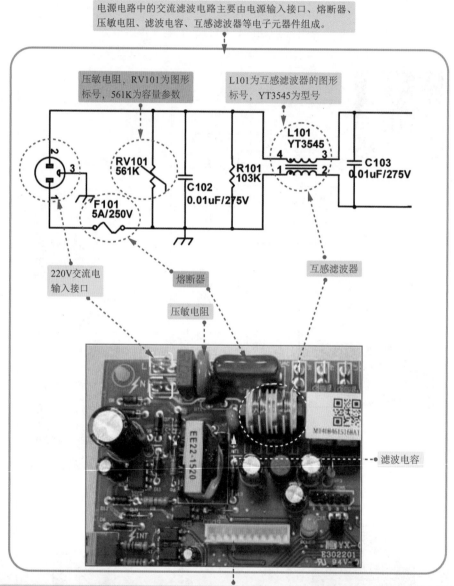

图1-61　交流滤波电路

小知识：交流电中噪声的产生主要有两种：一种是因为防止绝缘损坏造成设备带电危及人身安全而设置接地线产生的，叫做共态噪声；另一种是因为交流电源线之间的电磁力而相互影响产生的噪声，叫做正态噪声。交流滤波电路能够有效地滤除电流中的噪声。

（2）变压器降压电路及桥式整流滤波电路工作原理

变压器降压电路比较简单，主要由变压器来完成，变压器主要由初级线圈、次级线圈和铁芯组成，它主要是利用电磁感应的原理来改变交流电压的。当交流滤波电路输出的交流电经过变压器变压后，会变成15V左右的交流电压。如图1-62所示为电源变压器。

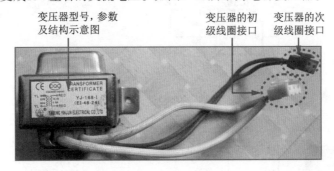

图1-62 电源变压器

在电源电路中桥式整流滤波电路的主要作用就是将交流滤波电路滤波后的交流电再次进行全波整流，转变为直流电压。桥式整流滤波电路主要由4只二极管（或桥式整流堆）、滤波电容等组成。如图1-63所示为桥式整流滤波电路。

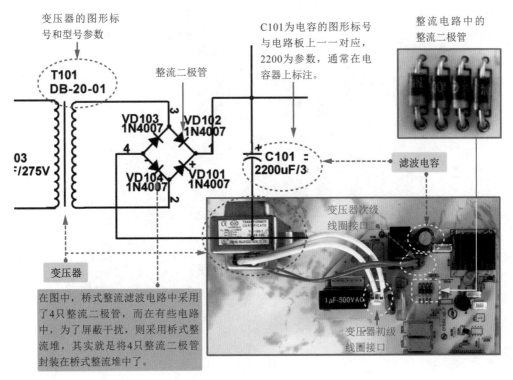

图1-63 桥式整流滤波电路

其工作原理为：变压器T101将220V交流电压经过变压后输出15V的交流电压，接着经过VD101、VD102、VD103、VD104等组成的桥式整流器整流，再经过滤波电容C101滤波后，输出22V的直流电压，最后输出给线性稳压器电路中的其他电路。

（3）线性稳压器调压电路工作原理

线性稳压器调压电路的功能主要是将桥式整流后的直流电压，经过线性稳压器调压稳压后，输出需要的12V和5V等稳定的直流电压。如图1-64所示为线性稳压器电路原理图。

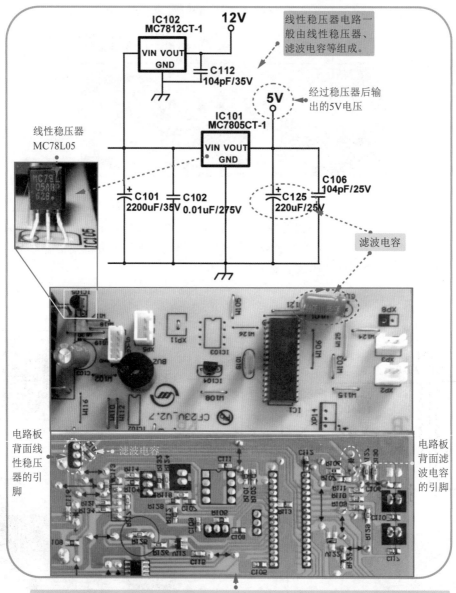

当电路开始工作后，桥式整流滤波电路输出的22V直流电压，经过三端稳压器IC102稳压，电容C112滤波后，获得12V直流电压，为继电器、步进电机等供电。同时，桥式整流滤波电路输出的22V直流电压，经过三端稳压器IC101稳压，滤波电容C125、C106滤波后，输出5V直流电压，为微处理器、操作键电路、显示电路等供电。

图1-64 线性稳压器电路原理图

2.　开关稳压电源电路工作原理

开关稳压电源电路是很多电器的电源电路普遍采用的供电方式。如图1-65所示。

开关稳压电源电路主要由交流滤波电路、桥式整流滤波电路、软启动电路、开关振荡电路、稳压控制电路、整流稳压滤波电路等组成。

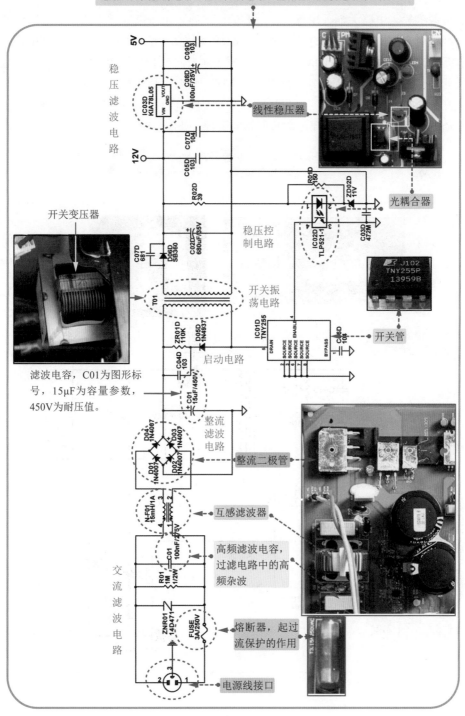

图1-65　开关稳压电源电路

开关稳压电源电路中的交流滤波电路和桥式整流滤波电路等与前面讲解的"变压器降压+稳压器电源电路"中的工作原理完全相同，这里不再重复讲解，下面将从软启动电路开始讲解。

（1）软启动电路工作原理

开关电源的输入电路大都采用整流加电容滤波电路。由于电容器上的初始电压为零，在输入电路合闸瞬间会形成很大的瞬时冲击电流，特别是大功率开关电源，其输入采用较大容量的滤波电容器，其冲击电流可达100A以上。在电源接通瞬间如此大的冲击电流幅值，往往会导致输入熔断器烧断，有时甚至将合闸开关的触点烧坏，轻者也会使空气开关合不上闸，上述原因均会造成开关电源无法正常使用。为此几乎所有的开关电源都会在其输入电路设置防止冲击电流的软起动电路，以保证开关电源正常而可靠的运行。如图1-66所示。

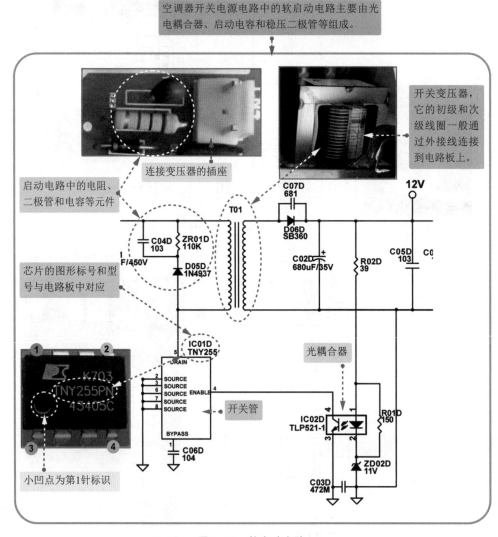

图1-66　软启动电路

软启动工作电路工作原理如下：

在开机的瞬间，220V市电经过交流滤波电路、桥式整流滤波电路处理后，变成310V直流电压，加在变压器T01的初级线圈。同时IC01D开关管的第5脚变成高电平，IC01D内部的开关管导通，由变压器和开关管形成的开关振荡电路开始工作，在变压器T01D的次级线圈产生12V直流电压。此电压经过电阻R02D和R01D分压后，加在光耦合器IC02D、电容C03D和稳压管ZD02D的两端。此时电容C03D开始充电，在电容充电的过程中，光耦合器IC02D的第2脚电位由低逐渐升高到正常值，使它内部的光敏三极管导通，电流由强逐渐下降到正常，为IC01D的控制端enable（第4脚）提供的电压也是由大逐渐降低到正常值，使开关管导通时间由短逐渐延长到正常，至此整个启动过程结束。

软启动电路避免了开机瞬间由于C02D、C05D滤波的作用，不能及时为光耦合器IC02D提供正常的误差取样信号，导致IC02D不能为IC01D提供正常的控制电压，可能会引起开关管在开机瞬间过激励损坏。

（2）开关振荡电路工作原理

开关振荡电路主要由开关控制芯片、开关变压器等电子元器件组成，它的主要作用是通过开关控制芯片输出的矩形脉冲信号，驱动开关管不断的进行开/关，使其处于开关振荡状态，从而使开关变压器的初级线圈产生开关电流，开关变压器处于工作状态，在次级线圈中产生感应电流，再经过处理后输出电压。

开关振荡电路的工作原理如下（参考图1-65）：

从图中我们可以看出IC01D芯片以TNY255为开关控制芯片，T01为开关变压器。

当交流电压220V经交流滤波电路滤波后，到桥式整流电路（由D01~D04和C01组成）处理后，转换为310V直流电压，经滤波电容C01滤波后供给开关变压器T01的初级线圈。同时经ZR01和D05D加到开关控制芯片IC01D的第5号脚。该集成电路为整个开关电源的核心，内含一个功率MOS管、130KHz的方波发生器及占空比调整电路；输出电压采样及反馈回路由IC02D和ZD02D组成，通过对输出电压12V和5V的联合采样，调节光耦IC02的输出电流，控制IC01D的第5脚达到调节130KHz的方波发生器的占空比，控制IC01D内部MOS管的导通时间，从而稳定输出电压。

该开关电源为反激式开关电源，当IC01D内部MOS开关管导通时，能量全部存储在开关变压器T01的初级，次级未能感应出电动势，整流二极管D06D未能导通，次级相当于开路，负载由滤波电容提供能量；当IC01D内部的开关管截止时，此时开关变压器T01的初级线圈上的电流在瞬间变成0，初级线圈的电动势为下正上负，而在次级线圈上感应出上正下负的电动势，此时二极管D06D处于导通状态，此时开始输出电压，此电压经过高频滤波电解电容C02D滤波后得到12V直流电压。

由于在开关控制芯片内部的开关管截止时，开关变压器T01的初级线圈还有电流，为防止随开关开/闭所发生的电压浪涌，电路中设置了由二极管D06D和电容C07D组成的滤波缓冲电路。

（3）稳压控制电路工作原理

稳压控制电路在开关电源电路中的主要作用是用来稳定开关电源输出的电压。因为220V交流电是不稳定的，当市电电压升高时，开关电源电路的开关变压器输出的电压也会随之升高。为了得到稳定的输出电压而设置了稳压控制电路。如图1-67所示。

空调电源电路的稳压控制电路主要由光耦合器、取样电阻和稳压器等组成，其中，光耦合器的作用是将开关电源输出电压的误差反馈到开关控制芯片上。它的工作原理就是在光电耦合器输入端加电信号驱动发光二极管，使之发出一定波长的光，被光探测器接受而产生光电流，再经过进一步放大后输出。从而起到输入、输出、隔离的作用。

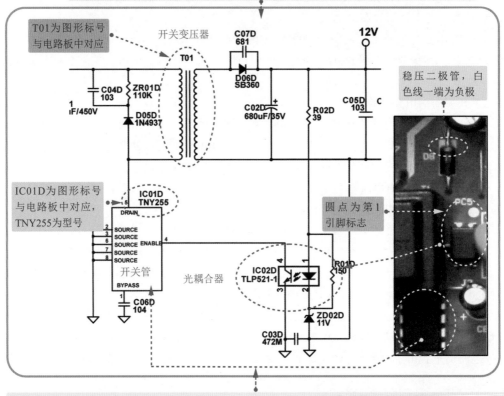

工作时，直流电压输出的+12V 电压经过电阻R01D、R02D分压后，到达稳压器ZD02D及光耦合器IC02D。使光耦合器导通，于是12V电压就可以通过光合耦合器和稳压器，使光电耦合器发光，光电耦合器开始工作，完成工作电压的取样。

当变压器的次级线圈输出电压升高时，此时经过电路分压电阻分压输入到稳压器的电压也将升高。同时，使流过光电耦合器内部的发光二极管的电流逐渐增大，发光二极管的亮度也逐渐增强，光电耦合器内部的光敏三极管的内阻同时变小，光敏三极管的导通程度也逐渐加强，最终导致光电耦合器第4引脚的输出电流增大。

光电耦合器第4脚电流增大，与之相连接的开关控制芯片的反向输入端电压降低，于是开关控制芯片内部的开关管导通的时间缩短，就会控制开关变压器的次级线圈输出电压降低，从而达到降压的目的，整个运行就构成了过压输出反馈电路，最终实现了稳定输出的作用。

而当直流输出端的电压降低时，流过光电耦合器发光二极管的电流减小，与之相连接的开关控制芯片的反向输入端电压升高，于是开关控制芯片内部的开关管导通的时间增长，就会控制开关变压器的次级线圈输出电压升高，从而达到升压的目的。

图1-67　稳压控制电路

（4）整流稳压滤波电路工作原理

输出端整流稳压滤波电路的作用是将开关变压器次级端线圈输出的电压进行整流与滤波。因为开关变压器的漏感和输出二极管的反向恢复电流造成的尖峰都形成了潜在的电磁干扰，所以开关变压器输出的电压必须经过整流滤波处理后，才能再输送给其他电路。

输出端整流稳压滤波电路主要由整流二极管、滤波电容等组成。如图1-68所示。

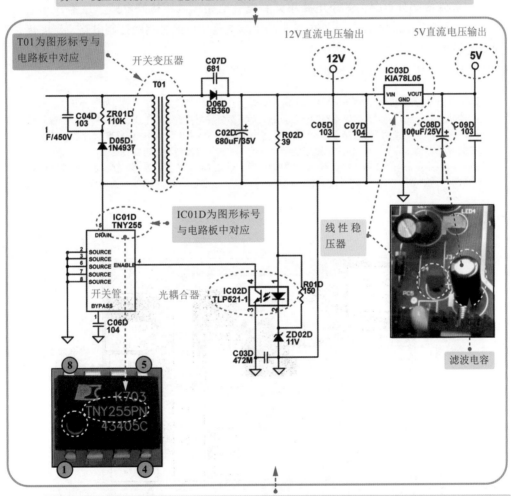

图1-68　整流稳压滤波电路

1.3.4 空调器控制电路工作原理

空调器的控制电路系统可以说是空调器的核心控制部件，对空调器起着很重要的作用，下面详细分析空调器控制电路各电路的结构及工作原理。

1. 空调器控制系统整体工作原理

空调器的室内机电路板可大致分为以下几个电路单元：电源电路、电源检测电路、复位电路、时钟电路、过零检测电路、室内风机控制电路、步进电机控制电路、温度传感器电路、保护电路、显示电路、遥控接收电路、通讯电路等。

而空调室外机部分可分为如下电路单元：电源电路、电压检测电路、过零检测电路、保护电路、四通阀驱动控制电路、室外风机驱动控制电路、压缩机驱动控制电路、温度传感器电路、通讯电路等。

空调器控制系统整体工作原理如下（如图1-69所示）：

当室内机接通电源时，室内机电源电路开始工作，输出12V、5V等直流电压，为微处理器及其外围的电路提供工作电源。同时，时钟电路和复位电路启动，微处理器在有工作电压、时钟信号和复位信号后开始工作。此时，便可接受遥控器的信号，空调器开始检测室内的温度传感器、设定温度以及EEPROM中的数据等，并按照遥控器的设定状态运行。室内风机开始按指定转数运转，步进电机也开始工作，根据设定来回摆动或静止不动，同时微处理器通过显示屏将空调器的运行状态显示在显示屏上，在初次开机后，一般经过3分钟左右延时，室内功率继电器吸合，给室外机电路板供电。

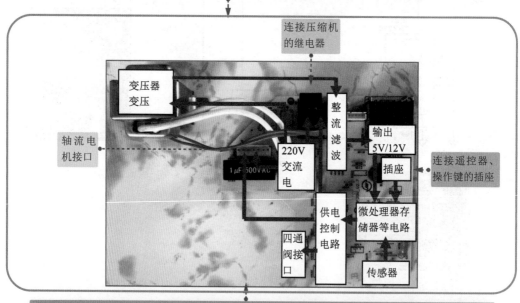

当室外机得到室内电源后，室外机电源电路输出15V、12V、5V直流电压，其中5V电压为微处理器提供工作电压，接着时钟电路，复位电路开始工作，之后微处理器开始工作。微处理器工作后，开始检测温度传感器，通过室内外通信电路接收室内机发来的通讯信号。在收到室内机控制信号后，室外机微处理器控制室外风机和四通阀按照设定的模式运行，同时发出控制信号，控制驱动压缩机开始运转。室内、外机的微处理器通过专门的通讯电路进行串行半双工通讯通信。

图1-69 室内室外二合一控制电路板原理框图

2. 室内导风电动机控制电路工作原理

空调器室内机导风板风扇主要根据用户的需要引导空调吹出来的冷/热风，如图1-70所示为导风风扇电机控制电路，主要由微处理器、反相器和导风电动机组成。

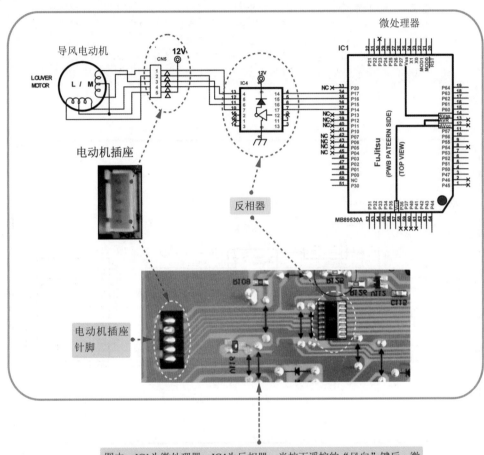

图中，IC1为微处理器、IC4为反相器。当按下遥控的"风向"键后，微处理器IC1根据用户设定，通过第34、35、36、37脚输出激励脉冲信号，此信号经过IC4反相器驱动放大后，从第10、11、12、13脚输出，再经过连接器CN5驱动步进电机旋转，带动室内机上的风叶摆动，实现大角度、多方向送风。

图1-70　导风风扇电机控制电路

3. 室内风机控制电路工作原理

空调器室内风机的风速是可以调节的，通常设置有高速挡和低速挡，还有些空调器的设置有高、中、低三个风速挡。室内机中的贯流风扇电动机的控制主要通过风机控制电路来实现。

如图1-71所示为室内风机控制电路。

图中，IC04为微处理器，U5为双向晶闸管。在空调制冷/制热期间，微处理器IC04通过第8脚输出低电平驱动信号。接着U5第2脚连接的5V电压经过其内部的发光二极管、电阻R11和微处理器IC04内部的电路构成导通回路，产生导通电流使U5内部的发光二极管开始发光，致使U5内部的双向晶闸管开始导通。接着经过滤波后的220V交流电被接通，为贯流风扇电机供电。贯流风扇开始运转，开始为室内机通风。同时，电机风速检测电路会通过CN2插座，将风机转速的信号的反馈给微处理器IC04的第9脚，以此检测风机运转的状态，以便准确地控制室内风机的风速。

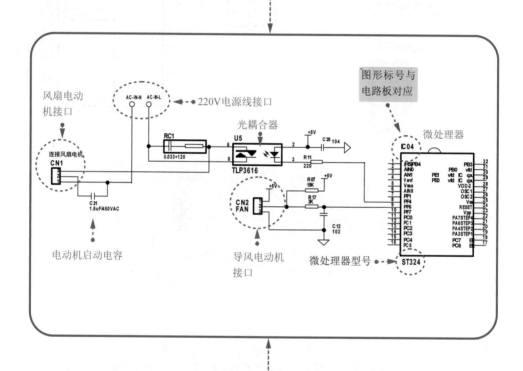

当用户通过遥控器选择低挡风速时，微处理器IC04通过第8脚输出的控制信号占空比减小，为U5内部的发光二极管提供的导通电流减小，发光二极管发光减弱，致使U5内部的双向晶闸管导通程度减弱，为风扇电机提供的供电电压减小，控制风扇电机转速下降。反之，控制过程相反。
当微处理器IC04第8脚输出高电平驱动信号时，U5内部的发光二极管熄灭，致使它内部的双向晶闸管截止，室内风扇电机因停止供电而停转。

图1-71　室内风机控制电路

4. 室外风机控制电路工作原理

室外机风扇电机控制电路的作用是控制室外机轴流风扇的运转及风速。室外风机控制电路基本上都是通过继电器控制的，比如通过反相器和继电器来控制。

通过反相器和继电器组成的室外机风机控制电路一般由微处理器、反相器、继电器、运转电容和风扇电动机等组成。如图1-72所示为室外机风扇电机控制电路图。

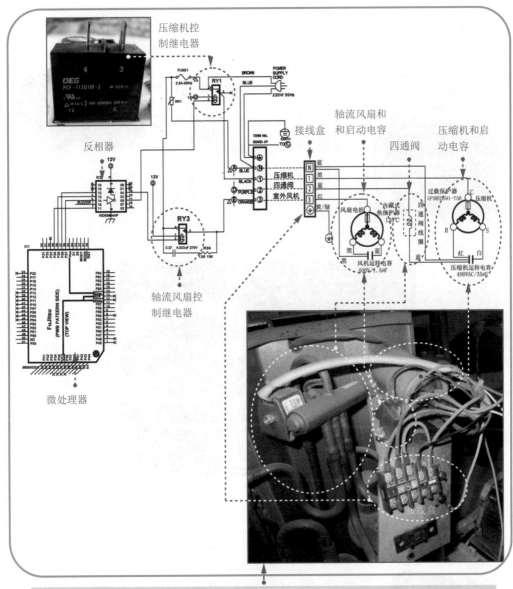

在空调器制冷或制热时，由微处理器IC1的第27脚输出高电平的驱动控制脉冲信号，此信号经过IC2反相器后，被放大并变为低电平驱动信号，加到继电器RY3上，使继电器开关吸合。使220V市电经滤波后加到轴流风扇的运转电容上，为风扇电机供电。室外机风扇开始转动。

图1-72　室外机风扇控制电路图

5. 压缩机控制电路工作原理

空调器中的压缩机常采用小型（3HP以下）的单相压缩机，而高于3HP的一般用三相压缩机。下面我们就以单相压缩机电路为例来讲解制冷压缩机电路的工作原理。

（1）压缩机的控制方式

单相压缩机的控制电路通常分为使用功率继电器和单相交流接触器控制两种模式。一般制冷量在5000W以下的空调器使用的是功率继电器控制；而制冷量在5000W以上的空调器中，压缩机的工作电流比较大，通常采用单相交流接触器控制压缩机。如图1-73和图1-74所示分别为功率继电器控制压缩机电路和单相交流接触器控制压缩机的电路。

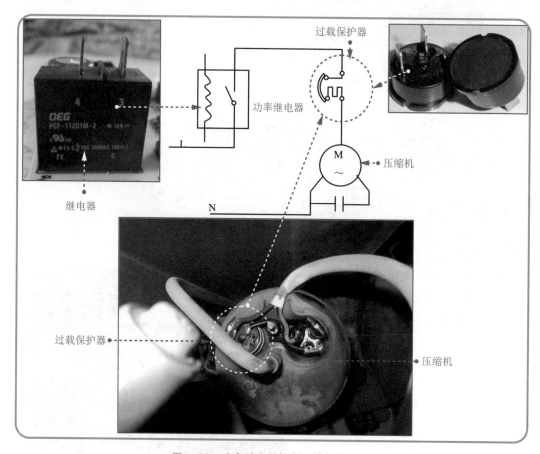

图1-73　功率继电器控制压缩机的电路

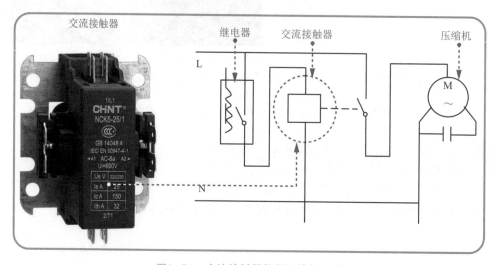

图1-74　交流接触器控制压缩机电路

采用功率继电器控制压缩机的控制过程为：微处理器控制功率继电器，功率继电器控制压缩机。采用单相交流接触器控制压缩机的控制过程为：微处理器控制继电器的闭合，继电器控制接触线圈通电后，接触器的开关闭合，压缩机启动开始运转。

在压缩机的控制电路中，一般会使用电容器来帮助启动和运行。在我们常见的单相3Hp空调器中往往采用两个电容：一个是启动电容，一个是运转电容，之所以采用两个电容是因为小功率制冷压缩机的电容中如果只采用一个电容，由于要兼顾压缩机的启动和运转，在启动时电容量会不足，而在运行时又会显得过大，我们把采用两个电容的压缩机启动模式称为CSR启动方式。

CSR启动方式分为两种，一种是由电压继电器控制启动与运行，如图1-75中所示。

图中C1和C2分别为运行电容和启动电容，电压继电器通过常闭开关与启动电容C2、运行电容C1并联在电路中，继电器的线圈并联在压缩机的的CS两端，启动压缩机从静止到运转的过程中，电压继电器的线圈两端电压逐步增大，当压缩机达到一定转速时，电压继电器线圈电压升高到动作电压，使开关断开，启动电容C2断开，此时只有运行电容C1工作。

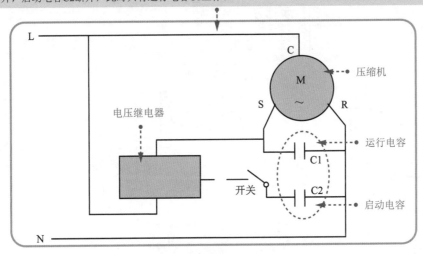

图1-75　电压继电器控制压缩机启动电路

另一种CSR启动方式则是采用PTC（热敏电阻）控制启动与运行的，如图1-76所示为采用PTC控制的压缩机启动电路。

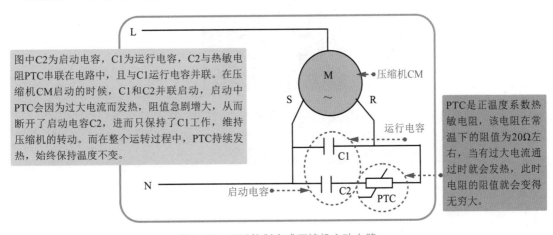

图中C2为启动电容，C1为运行电容，C2与热敏电阻PTC串联在电路中，且与C1运行电容并联。在压缩机CM启动的时候，C1和C2并联启动，启动中PTC会因为过大电流而发热，阻值急剧增大，从而断开了启动电容C2，进而只保持了C1工作，维持压缩机的转动。而在整个运转过程中，PTC持续发热，始终保持温度不变。

PTC是正温度系数热敏电阻，该电阻在常温下的阻值为20Ω左右，当有过大电流通过时就会发热，此时电阻的阻值就会变得无穷大。

图1-76　PTC控制方式压缩机启动电路

（2）压缩机供电控制电路工作原理

压缩机供电控制电路主要用来控制压缩机的运转。压缩机控制电路主要由微处理器、反相器、继电器、运转电容和压缩机等组成。如图1-77所示。

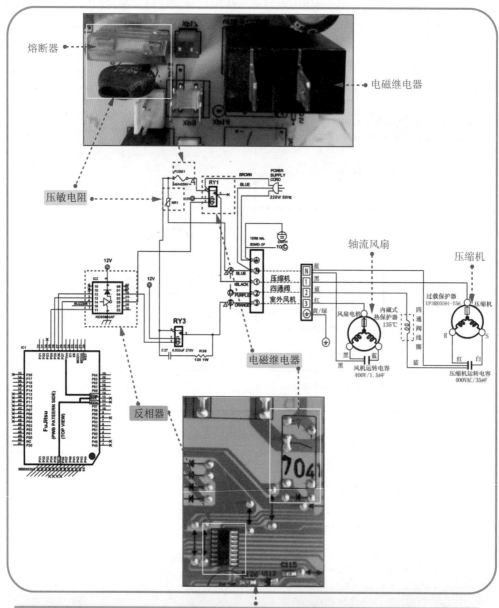

在空调器制冷/制热时，由微处理器IC1的第26脚输出高电平驱动控制脉冲信号，此信号经过IC2反相器后，被放大并变为低电平驱动信号，加到继电器RY1上，使继电器开关吸合。使220V市电经过滤波后加到压缩机的运转电容上，为压缩机的电机供电。压缩机开始运转。

图1-77 压缩机控制电路

6. 四通阀控制电路工作原理

四通阀控制电路主要用来给四通阀的电磁阀供电，控制电磁阀工作，实现空调器制冷和制热的切换。

四通阀主要由电磁阀和阀体两个部分组成。阀体又分为导阀和主阀，两者之间用毛细管连接在一起，不能拆卸。在主阀的内部设置有橡胶材质的滑块，主要是用来切换毛细管管道的。

（1）制冷过程中四通阀的工作原理

四通阀制冷工作过程如图1-78所示。

当空调器处在制冷状态时，四通阀不通电，四通阀处于E-S连通，D-C连通的状态，制冷剂通过压缩机压缩转变为高温高压的气体，由四通阀的D口进入，由C口排出，进入室外机的冷凝器，在冷凝器吸冷放热后变成中温高压的液体，经膨胀阀后，变成低温低压的液体，经过室内机蒸发器吸热放冷作用后，变成低温低压的气体，从四通阀的E口进入，由S口回到压缩机，然后继续循环。

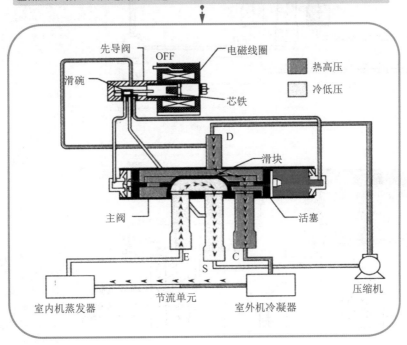

图1-78　四通阀制冷工作示意图

（2）制热过程中四通阀的工作原理

四通阀制热过程的工作原理如图1-79所示。

（3）四通阀控制电路工作原理

四通阀控制电路主要由微处理器、反相器、继电器盒四通阀等组成。如图1-80所示。

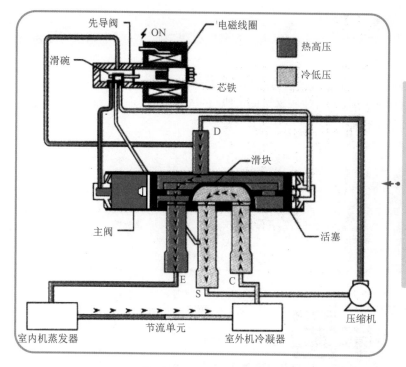

当空调器处在制热状态时，四通阀通电，活塞向右移动，使D-E连通，S-C连通，制冷剂通过压缩机压缩转变为高温高压的气体，通过四通阀的D口进入，由E口排出，进入室内机冷凝器，在冷凝器吸冷放冷后变成中温高压的液体，经膨胀阀后，变成低温低压的液体，经过室外机的蒸发器吸热放冷作用后，变成低温低压的气体，由四通阀的C口进入，由S口回到压缩机，然后继续循环。

图1-79 四通阀制暖工作示意图

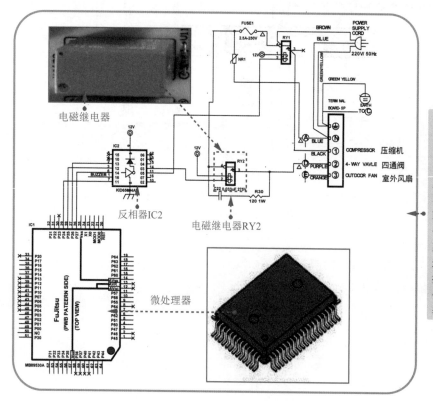

若室内机发出制热命令，微处理器IC1第28脚输出高电平的驱动控制脉冲信号，给驱动器IC2的第12脚，使其输出一个低电平驱动信号，触发继电器RY2动作，开关被吸合。使220V市电经过滤波后加到四通阀的电磁阀上，四通阀电磁阀通电后吸合。控制四通阀的活塞运动，使制冷剂改变流向，空调器开始制热。

图1-80 四通阀控制电路图

7. 通讯电路工作原理

空调器的通讯电路主要功能是将室内机的检测温度、设置温度等信号传递到室外机处理，同时将室外机处理结果及保护状况传递给室内机显示。如图1-81所示为空调通讯电路原理图。

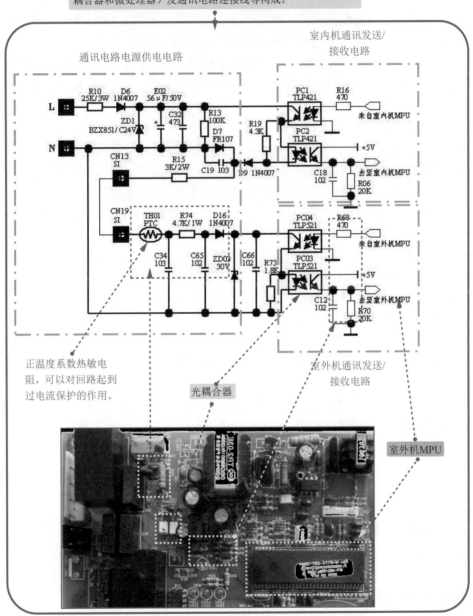

图1-81　空调通讯电路原理图

图中，上半部分为室内机通讯电路，下半部分为室外机通讯电路。通讯电路的供电电源取自室内机，220V交流电经过电阻R10与R13分压，再在经过二极管D6半波整流，经过稳压二极管ZD1稳压及电容E02滤波后得到24V直流电压为通讯电路供电。

在信号回路中室内、室外侧各有两个光电耦合器，分别用于连接室内机、室外机电路，形成信号通道，而与室内机、室外机电源隔离开来，成为单独的通讯回路。通讯回路中的电阻R15、R74起限流作用，防止光耦合器出现过流现象，限流后通讯回路的工作电流大约在3mA左右。电路中的电阻TH01为正温度系数热敏电阻，可以对回路起到过电流保护的作用。二极管D9是隔离二极管，可以有效地防止回路中反向脉冲的干扰；并接于PC1、PC2两端的稳压二极管ZD03能够在电路出现异常电压时对室外机通讯电路起到保护作用。

在正常的通讯过程中，室内机、室外机微处理器发出的通讯信息，分别经过光耦合器PC1、PC04送入通讯回路，再由光耦合器PC2、PC03将对方发出的信息传送到各自输出端的微处理器。

具体的工作原理如下：

空调器整机通电后，室内机、室外机间就会自动进行通讯，按照既定的通讯规则，用脉冲序列的形式将各自的电路状况发送给对方，收到对方正常信息的室内机、室外机电路均处于待机状态。进行开机操作时，室内机微处理器把预置的各项工作参数及开机指令送到PC1的输入端，PC1输入端会变为高电平，使输出端光电三极管一直处于导通状态，通过通讯回路进行传输；室外机PC03输入端在通讯信号的驱动下导通，收到开机指令及工作参数后，由输出端将序列脉冲信息送给室外机微处理器，整机开机，按照预定的参数运行。室外机微处理器在接收到信息50ms后输出反馈信息到PC04的输入端，通过通讯回路传输到室内机PC2输入端，PC2输出端将室外机传来的各项运行状况参数送至室内机微处理器，室内机微处理器根据收集到的整机运行状况参数确定下一步对整机的控制。

8. 遥控接收电路工作原理

遥控接收电路主要由信号接收器芯片、分压电阻、滤波电容、微处理器等组成，如图1-82所示。

图中，IC201接收器芯片的内部有一个接收窗口，内部是一光敏元件，用来接收红外线。当光敏元件接收到f1频率的红外线，内部相应激发出一定大小电流，使接收器内部的三极管导通，接着5V电压经过电阻R201分压，电容C201、C202滤波后，加到接收器内部的三极管。经过处理后，从接收器芯片的输出端，输出一个控制信号给微处理器IC1。微处理器将收到的控制信号翻译后，向相应的电路发出控制信号，控制相应的电路动作，达到完成空调器调节的功能。

9. 温度传感器电路工作原理

温度传感器是空调器系统中的重要部件，其作用是对房间里的空气进行检测，控制调节空调器正常工作。为了能自动地调节房间内温度的高低空调系统中必须设置温度传感器。

空调中的温度传感器电路主要由微处理器、热敏电阻、分压电阻和滤波电容等组成。如图1-83所示为空调温度传感器电路。

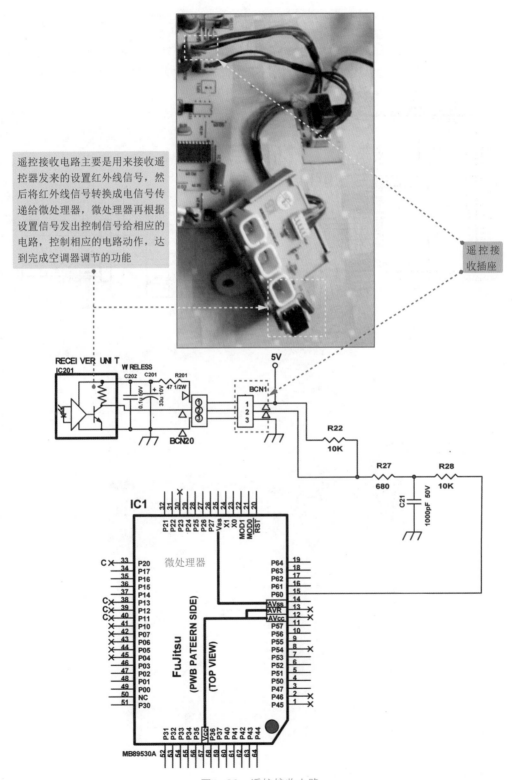

遥控接收电路主要是用来接收遥控器发来的设置红外线信号，然后将红外线信号转换成电信号传递给微处理器，微处理器再根据设置信号发出控制信号给相应的电路，控制相应的电路动作，达到完成空调器调节的功能

遥控接收插座

图1-82　遥控接收电路

图中的IC1为微处理器，TH1和TH2为热敏电阻。随着温度的变化，温度传感器TH1的阻值也随着变化，经过电阻R49分压取样后，再经过电容C16和C42滤波后，输入到微处理器的第4脚，此电压在微处理器内部进行处理后，再由微处理器发出控制信号，控制相应的电路动作，从而达到调节空调器的作用。

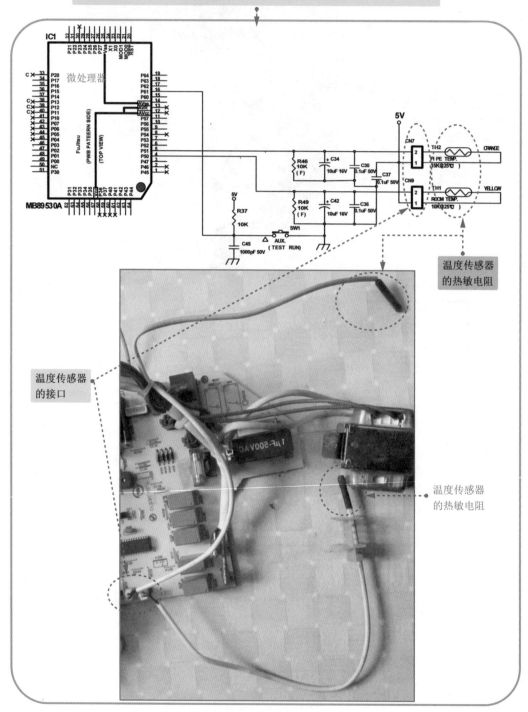

图1-83　温度传感器电路

10. 交流变频空调控制电路工作原理

如图1-84所示，交流变频控制电路中，变频驱动器主要由IPM模块组成，通过U、V、W端为交流感应电动机的三相（R、S、T）绕组供电。

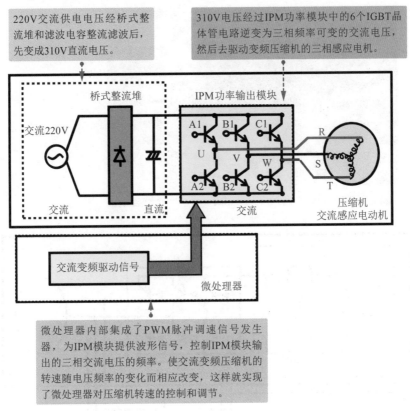

图1-84　交流变频控制电路

IPM模块内部的6个IGBT管构成上下桥式驱动电路。微处理器发出的PWM控制信号使每只IGBT管在每个周期中导通180o，且同一桥壁上两只IGBT管的一只导通时，另一只必须关断。相邻两相的元器件导通相位差120o，这样在任意一个周期内都有三只功率管导通，接通三相负载。当PWM控制信号输入时，A1、A2、B1、B2、C1、C2各功率管顺序分别导通，从而输出频率变化的三相交流电使压缩机运转。

在变频过程中，为了使空调器的制冷或制热能力与负荷相适应，控制系统将根据检测到的室温和设定温度的差值，通过微处理器运算，产生控制运转频率变化的信号，此信号又控制IPM模块输出的交流电压的频率。

11. 直流变频空调控制电路工作原理

图1-85所示为直流变频控制电路。由于直流电机的定子上绕有电磁线圈，采用永久磁铁作为转子。当施加在电机上的电压升高时，转速加快；当电压降低时，转速下降。直流变频压缩机就是利用这种原理来实现压缩机转速的变化。

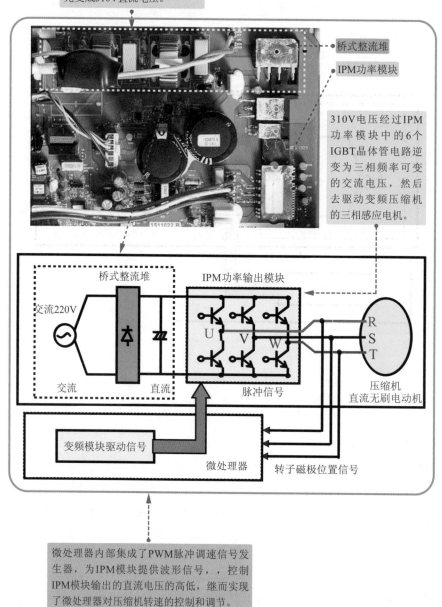

220V交流供电电压经桥式整流堆和滤波电容整流滤波后，先变成310V直流电压。

桥式整流堆

IPM功率模块

310V电压经过IPM功率模块中的6个IGBT晶体管电路逆变为三相频率可变的交流电压，然后去驱动变频压缩机的三相感应电机。

微处理器内部集成了PWM脉冲调速信号发生器，为IPM模块提供波形信号，，控制IPM模块输出的直流电压的高低，继而实现了微处理器对压缩机转速的控制和调节。

图1-85　直流变频控制电路

12．IPM模块驱动控制电路工作原理

IPM接口电路主要由微处理器（PWM脉冲输出端口）、光电耦合器、压缩机变频电源驱动端子U、V、W三部分组成。如图1-86所示。

当变频压缩机准备开始工作时，由微处理器发出的低电平控制信号，送到PC1~PC6光耦合器中的两个光耦合器的输入端口，将相应的光耦合器的输入端置高电平，其输出端光电三极管一直处于导通状态，将控制信号输入IPM模块的信号控制端，控制IPM模块内部相应的IGBT管导通。接着IPM模块的U、V、W端口开始输出变频压缩机驱动电压，压缩机开始运转。IPM模块上桥臂3个单元的控制电源分别单独供电，下桥臂3个单元的控制电源则集中供电。

当IPM模块检测到过流、或过压等故障时，通过FOUT输出低电平信号，此信号被送到PC7光耦合器的输入端口，PC7光耦合器的输入端置高电平，其输出端光电三极管一直处于导通状态，将故障信号输送到微处理器中。接着微处理器向PC1~PC6光耦合器输入高电平信号，控制IPM模块内部的IGBT管全部截止，停止输出压缩机驱动电压。压缩机停止运转，起到保护压缩机的目的。

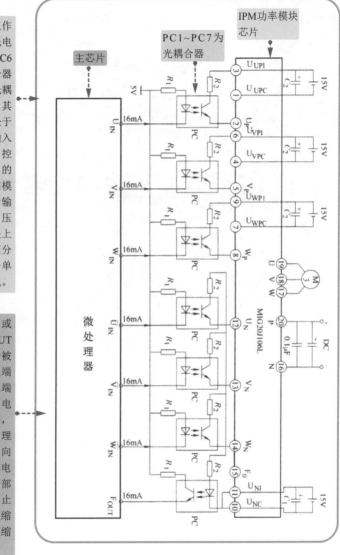

图1-86　IPM模块驱动控制电路工作原理

第 2 章
空调器维修工具操作方法

　　在维修空调器时，经常要用到一些检测和维修基本工具。这些工具在安装、维修时是必不可少的。正确掌握、应用、保养好这些工具，对维修操作应用很有益处。

2.1　万用表操作方法

万用表是一种多功能、多量程的测量仪表，万用表有很多种，目前常用的有指针万用表和数字万用表两种，如图2-1所示。

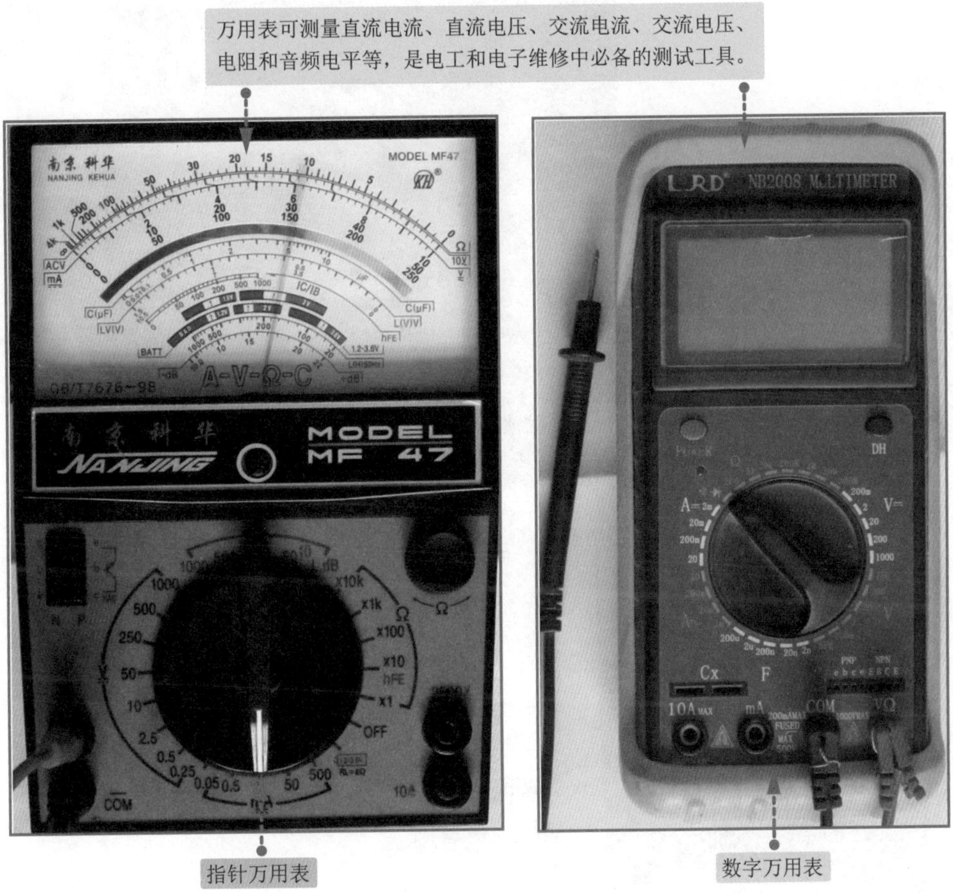

万用表可测量直流电流、直流电压、交流电流、交流电压、电阻和音频电平等，是电工和电子维修中必备的测试工具。

指针万用表　　　数字万用表

图2-1　万用表

2.1.1　万用表的结构

1. 数字万用表的结构

数字万用表具有显示清晰，读取方便，灵敏度高、准确度高，过载能力强，便于携带，使用方便等优点。数字万用表主要由液晶显示屏、挡位选择钮、表笔插孔及三极管插孔等组成。如图2-2所示。

其中，功能旋钮可以将万用表的挡位在电阻挡（Ω）、交流电压（V~）、直流电压挡（V—）、交流电流挡（A~）、直流电流挡（A—）、温度挡（℃）和二极管挡之间进行转换；COM插孔用来插黑表笔，A、mA、VΩHz℃插孔用来插红表笔，测量电压、电阻、频率和温度时，红表笔插VΩHz℃插孔，测量电流时，根据电流大小红表笔插A或mA插孔；温度传感器插孔用来插温度传感器表笔；三极管插孔用来插三极管，以检测三极管的极性和放大系数。

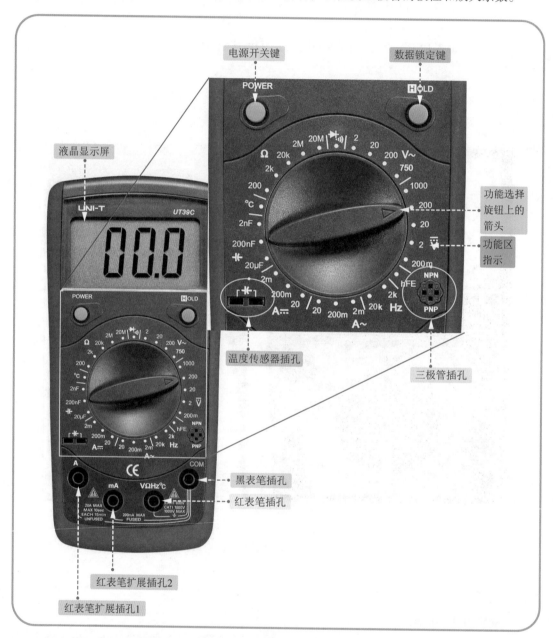

图2-2　数字万用表的结构

2. 指针万用表的结构

指针万用表可以显示出所测电路连续变化的情况，且指针万用表电阻档的测量电流较大，特别适合在路检测电子元器件。

图2-3所示为指针万用表表体,其主要由功能旋钮、欧姆调零旋钮、表笔插孔及三极管插孔等组成。其中,功能旋钮可以将万用表的挡位在电阻挡(Ω)、交流电压(V~)、直流电压挡(V—)、交流电流挡(A~)、直流电流挡(A—)之间进行转换;COM插孔用来插黑表笔,+、10A、2500V插孔用来插红表笔;测量1000V以内电压、电阻、500mA以内电流,红表笔插"+"插孔,测量大于500mA以上电流时,红表笔插"10A"插孔;测量1000V以上电压时,红表笔插"2500V"插孔;三极管插孔用来插三极管,检测三极管的极性和放大系数。欧姆调零旋钮用来给欧姆挡置零。

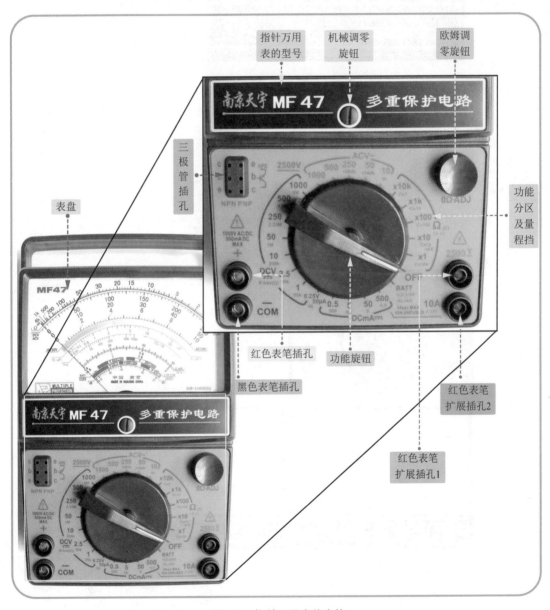

图2-3 指针万用表的表体

如图2-4所示为指针万用表表盘,表盘由表头指针和刻度等组成。

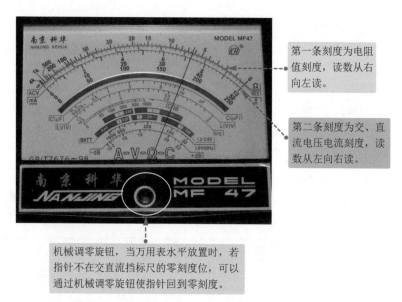

第一条刻度为电阻值刻度，读数从右向左读。

第二条刻度为交、直流电压电流刻度，读数从左向右读。

机械调零旋钮，当万用表水平放置时，若指针不在交直流挡标尺的零刻度位，可以通过机械调零旋钮使指针回到零刻度。

图2-4 指针万用表表盘

2.1.2 指针万用表量程的选择方法

使用指针万用表测量时，第一步要选择对合适的量程，这样才能测量的准确。指针万用表量程的选择方法如图2-5所示。

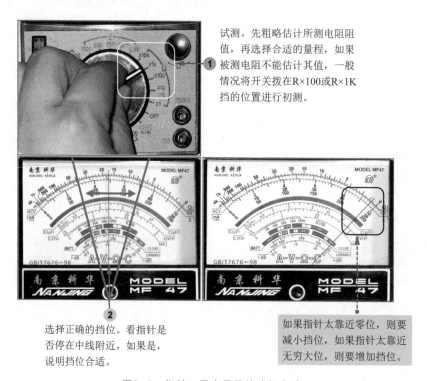

① 试测。先粗略估计所测电阻阻值，再选择合适的量程，如果被测电阻不能估计其值，一般情况将开关拨在R×100或R×1K挡的位置进行初测。

② 选择正确的挡位。看指针是否停在中线附近，如果是，说明挡位合适。

如果指针太靠近零位，则要减小挡位，如果指针太靠近无穷大位，则要增加挡位。

图2-5 指针万用表量程的选择方法

2.1.3　指针万用表的欧姆调零

在量程选准以后在正式测量之前必须调零，如图2-6所示。

先将万用表调到需要的挡位，然后将红黑表笔短接，旋转欧姆调零旋钮将表指针调到零刻度。

图2-6　指针万用表的欧姆调零

注意：如果重新换挡，再次测量之前也必须调零一次。

2.1.4　万用表测量实战

1．用指针式万用表测电阻实战

用指针式万用表测电阻的方法如图2-7所示。

（即扫即看）

先对指针万用表进行调零，测量时应将两表笔分别接触待测电阻的两极（要求接触稳定踏实），观察指针偏转情况。如果指针太靠左，那么需要换一个稍大的量程。如果指针太靠右那么需要换一个较小的量程。直到指针落在表盘的中部（因表盘中部区域测量更精准）。

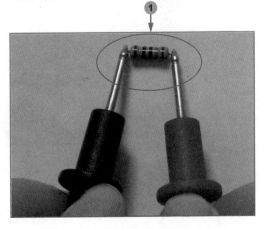

图2-7　用指针式万用表测电阻的方法

② 读取表针读数，然后将表针读数乘以所选量程倍数，如选用"R×1K"挡测量，指针指示17，则被测电阻值为17×1K＝17KΩ。

图2-7　用指针式万用表测电阻的方法（续）

2．用指针万用表测量直流电流实战

用指针万用表测量直流电流的方法如图2-8所示：

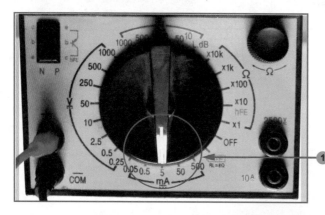

① 首先把转换开关拨到直流电流挡，估计待测电流值，选择合适量程。如果不确定待测电流值的范围需选择最大量程，待粗测量待测电流的范围后改用合适的量程。断开被测电路，将万用表串接于被测电路中，不要将极性接反，保证电流从红表笔流入，黑表笔流出。

② 根据指针稳定时的位置及所选量程，正确读数。读出待测电流值的大小。如图万用表的量程为5 mA，指针走了3个格，因此本次测得的电流值为3 mA。

图2-8　万用表测出的电流值

3. 用指针万用表测量直流电压实战

测量电路的直流电压时，选择指针万用表的直流电压挡，并选择合适的量程。当被测电压数值范围不清楚时，可先选用较高的量程挡，不合适时再逐步选用低量程挡，使指针停在满刻度的2/3处附近为宜。

指针万用表测量直流电压方法如图2-9所示。

读数，根据选择的量程及指针指向的刻度读数。由图可知该次所选用的量程为0~50 V，共50个刻度，因此这次的读数为19V。

首先把功能旋钮调到直流电压挡50量程。将万用表并接到待测电路上，黑表笔与被测电压的负极相接，红表笔与被测电压的正极相接。

图2-9 指针万用表测量直流电压

4. 用数字万用表测量直流电压实战

用数字万用表测量直流电压的方法如图2-10所示。

5. 用数字万用表测量直流电流实战

使用数字万用表测量直流电流的方法如图2-11所示。

提示：交流电流的测量方法与直流电流的测量方法基本相同，不过需将旋钮放到交流挡位。

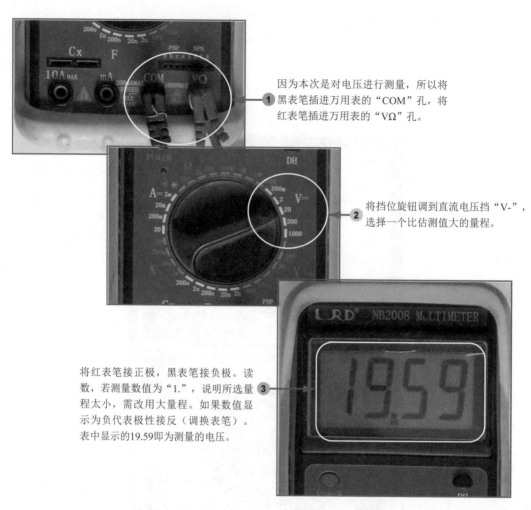

因为本次是对电压进行测量，所以将黑表笔插进万用表的"COM"孔，将红表笔插进万用表的"VΩ"孔。

将挡位旋钮调到直流电压挡"V-"，选择一个比估测值大的量程。

将红表笔接正极，黑表笔接负极。读数，若测量数值为"1."，说明所选量程太小，需改用大量程。如果数值显示为负代表极性接反（调换表笔）。表中显示的19.59即为测量的电压。

图2-10　数字万用表测量直流电压

测量电流时，先将黑表笔插"COM"孔。若待测电流估测大于200mA，则将红表笔插入"10A"插孔，并将功能旋钮调到直流"20A"挡；若待测电流估测小于200mA，则将红表笔插入"200mA"插孔，并将功能旋钮调到直流200mA以内的适当量程。

图2-11　数字万用表测量直流电流

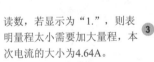

② 将数字万用表串联接入电路中使电流从红表笔流入，黑表笔流出，保持稳定。

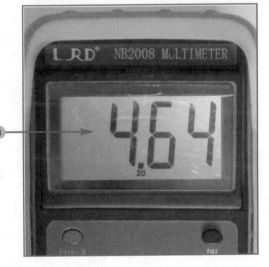

读数，若显示为"1."，则表明量程太小需要加大量程，本次电流的大小为4.64A。 ③

图2-11　数字万用表测量直流电流（续）

6. 用数字万用表判断二极管是否正常

用数字万用表测量二极管的方法如图2-12所示。

提示：一般锗二极管的压降约为0.15~0.3V，硅二极管的压降约为0.5~0.7V，发光二极管的压降约为1.8~2.3V。如果测量的二极管正向压降超出这个范围，则二极管损坏。如果反向压降为0，则二极管被击穿。

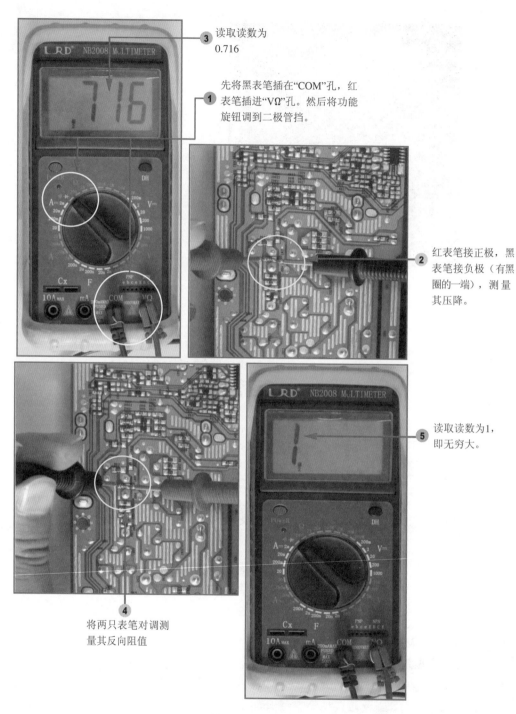

3 读取读数为 0.716

1 先将黑表笔插在"COM"孔，红表笔插进"VΩ"孔。然后将功能旋钮调到二极管挡。

2 红表笔接正极，黑表笔接负极（有黑圈的一端），测量其压降。

5 读取读数为1，即无穷大。

4 将两只表笔对调测量其反向阻值

图2-12　数字万用表测量二极管的方法

结论：由于该硅二极管的正向压降约为0.716，基本贴近正常范围0.5~0.7，且其反向压降为无穷大。该硅二极管的质量基本正常。

2.2 电烙铁的焊接姿势与操作实战

电烙铁是通过熔解锡进行焊接的一种修理时必备的工具，主要用来焊接元器件间的引脚。

2.2.1 电烙铁的种类

常用的电烙铁分为内热式、外热式、恒温式和吸锡式等几种。如图2-13所示为常用的电烙铁。

外热式电烙铁的烙铁头一般由紫铜材料制成，它的作用是存储和传导热量。使用时烙铁头的温度必须要高于被焊接物的熔点。烙铁的温度取决于烙铁头的体积、形状和长短。另外为了适应不同焊接要求，有不同规格的烙铁头，常见的有锥形、凿形、圆斜面形等。

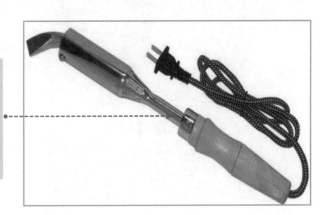

恒温电烙铁头内，一般装有电磁铁式的温度控制器，通过控制通电时间而实现温度控制。

内热式电烙铁因其烙铁芯安装在烙铁头里面而得名。内热式电烙铁由手柄、连接杆、弹簧夹、烙铁芯、烙铁头组成。内热式电烙铁发热快，热利用率高（一般可达350℃）且耗电小、体积小，因而得到了更加普通的应用。

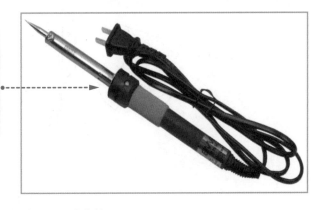

图2-13 电烙铁

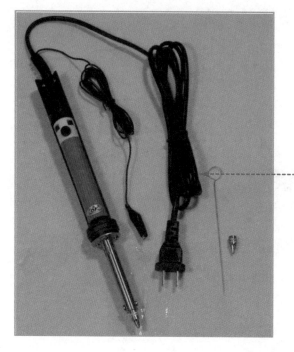

吸锡电烙铁是一种将活塞式吸锡器与电烙铁融为一体的拆焊工具。具有使用方便、灵活、适用范围宽等优点，不足之处在于其每次只能对一个焊点进行拆焊。

图2-13　电烙铁（续）

2.2.2　焊接操作正确姿势

即使在大规模生产的情况下，维护和维修也必须使用手工焊接。因此，电子电工维修人员必须通过不断学习和实践，扎实掌握手工锡焊接技术这一项基本功。如图2-14所示为电烙铁的几种握法。

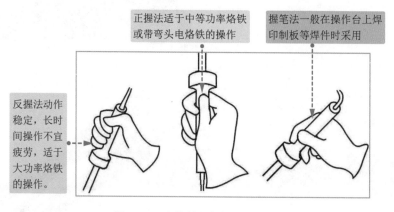

正握法适于中等功率烙铁或带弯头电烙铁的操作

握笔法一般在操作台上焊印制板等焊件时采用

反握法动作稳定，长时间操作不宜疲劳，适于大功率烙铁的操作。

图2-14　电烙铁和焊锡丝的握法

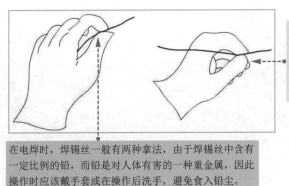

焊剂加热时会挥发出化学物质，为减少有害气体的吸入量，一般情况下，电烙铁距离鼻子的距离应该不少于20cm，通常以30cm为宜。

在电焊时，焊锡丝一般有两种拿法，由于焊锡丝中含有一定比例的铅，而铅是对人体有害的一种重金属，因此操作时应该戴手套或在操作后洗手，避免食入铅尘。

图2-14　电烙铁和焊锡丝的握法（续）

2.2.3　电烙铁使用方法

一般新买来的电烙铁在使用前都要将烙铁头上均匀地镀上一层锡，这样便于焊接并且防止烙铁头表面氧化。

电烙铁的使用方法如图2-15所示。

首先将电烙铁通电预热，然后将烙铁头接触焊接点，并要保持烙铁加热焊件各部分，以保持焊件均匀受热。

当焊件加热到能熔化焊料的温度后将焊丝置于焊点，焊料开始熔化并润湿焊点。

图2-15　电烙铁的使用方法

当熔化一定量的焊锡后将焊锡丝移开。当焊锡完全润湿焊点后移开烙铁，注意移开烙铁的方向应该是大致45°的方向。

在使用前一定要认真检查确认电源插头、电源线无破损，并检查烙铁头是否松动。如果有出现上述情况请排除后使用。

图2-15 电烙铁的使用方法（续）

2.2.4 焊料与助焊剂有何用处

电烙铁使用时的辅助材料主要包括焊锡丝、助焊剂等。如图2-16所示。

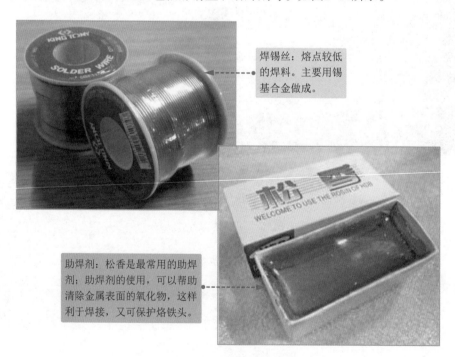

焊锡丝：熔点较低的焊料。主要用锡基合金做成。

助焊剂：松香是最常用的助焊剂；助焊剂的使用，可以帮助清除金属表面的氧化物，这样利于焊接，又可保护烙铁头。

图2-16 电烙铁的辅助材料

2.3 吸锡器操作方法

1．认识吸锡器

吸锡器是拆除电子元件（尤其是集成电路）时，用来吸收引脚焊锡的一种必备工具，有手动吸锡器和电动吸锡器两种。如图2-17所示。

如果拆除时不使用吸锡器，很容易将印制电路板损坏。

手动吸锡器

电动吸锡器

图2-17 常见的吸锡器

2．吸锡器的使用方法

吸锡器的使用方法如图2-18所示．

首先按下吸锡器后部的活塞杆，然后用电烙铁加热焊点并熔化焊锡。（如果吸锡器本身带有加热元器件，可以直接用吸锡器加热吸取）当焊点熔化后，用吸锡器嘴对准焊点，按下吸锡器上的吸锡按钮，锡就会被吸锡器吸走。如果未吸干净可对其重复操作。

图2-18 使用吸锡器

2.4 热风焊台操作方法

热风焊台是一种常用于电子焊接的手动工具，通过给焊料（通常是指锡丝）供热，使其熔化，从而达到焊接或分开电子元器件的目的。热风焊台外形如图2-19所示。

风枪

电源开关

温度旋钮

风力旋钮

图2-19　热风焊台

2.4.1　使用热风焊台焊接贴片电阻器实战

焊接操作时，热风焊台的风枪前端网孔通电时不得接触金属导体，否则会导致发热体损坏，甚至使人体触电，发生危险。另外在使用结束后要注意冷却机身，关电后不要迅速拔掉电源，应等待发热管吹出的短暂冷风结束后再拔掉电源，以免影响焊台使用寿命。

使用热风焊台焊接贴片电阻器的方法如图2-20所示。

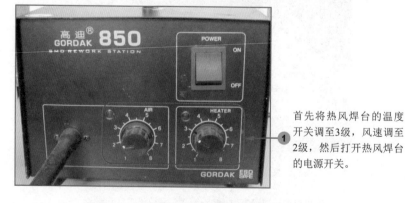

① 首先将热风焊台的温度开关调至3级，风速调至2级，然后打开热风焊台的电源开关。

图2-20　使用热风焊台焊接贴片小元器件的方法

② 用镊子夹着贴片电阻器将其两端引脚蘸少许焊锡膏。然后将电阻器放在焊接位置，将风枪垂直对着贴片电阻器加热。

③ 将风枪嘴在电阻器上方2~3cm处对准，加热3秒钟后，待焊锡熔化停止加热。最后用电烙铁给电阻器的两个引脚补焊，加足焊锡。

图2-20　使用热风焊台焊接贴片小元器件的方法（续）

提示：

（1）对于贴片电阻器的焊接一般不用电烙铁，因为使用电烙铁焊接时，由于两个焊点的焊锡不能同时熔化可能焊斜；另一方面焊第二个焊点时由于第一个焊点已经焊好如果下压第二个焊点会损坏电阻或第一个焊点。

（2）拆焊贴片电容时，要用两个电烙铁同时加热两个焊点使焊锡融化，在焊点融化状态下用烙铁尖向侧面拨动使焊点脱离，然后用镊子取下。

2.4.2　热风焊台焊接四面引脚集成电路实战

使用热风焊台焊接四面引脚贴片集成电路的方法如图2-21所示。

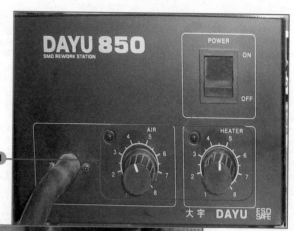

首先将热风焊台的温度开关调
至5级，风速调至4级，然后打
开热风焊台的电源开关。①

② 向贴片集成电路的引脚上蘸少
许焊锡膏。用镊子将元器件放
在电路板中的焊接位置，并紧
紧按住，然后用电烙铁将集成
电路4个面各焊一个引脚。

用风枪垂直对着
贴片集成电路旋
③ 转加热，待焊锡
熔化后，停止加
热，并关闭热风
焊台。

④ 焊接完毕后，检查一下有无焊接短路的
引脚；如果有，用电烙铁修复，同时为
贴片集成电路加补焊锡。

图2-21　四面引脚贴片集成电路的焊接方法

2.5　清洁及拆装工具

下面主要讲解一下清洁电路板和拆卸空调时常用工具。

2.5.1　清洁工具

清洁工具主要用来清洁电路板上的灰尘和脏污，主要包括刷子和皮老虎。

1. 刷子

根据不同用处，刷子的种类和样式也不尽相同，如图2-22所示。

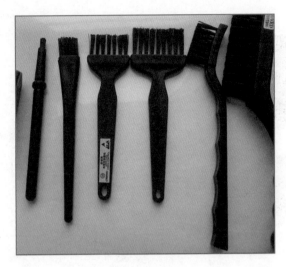

图2-22　刷子

2. 皮老虎

常见的皮老虎如图2-23所示。

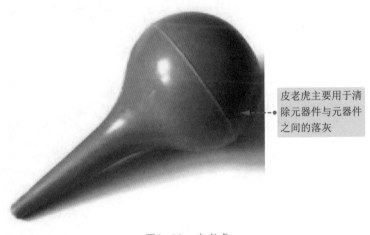

皮老虎主要用于清除元器件与元器件之间的落灰

图2-23　皮老虎

2.5.2　拆装工具

空调器常用的拆装工具主要有：螺丝刀、活扳手、钳子（包括钢丝钳和尖嘴钳）、冲击钻等，下面分别讲解。

1. 螺丝刀

螺丝刀是常用的电工工具，也称为改锥，是用来紧固和拆卸螺钉的工具。常用的螺丝刀主要有一字型螺丝刀和十字型螺丝刀。如图2-24所示。

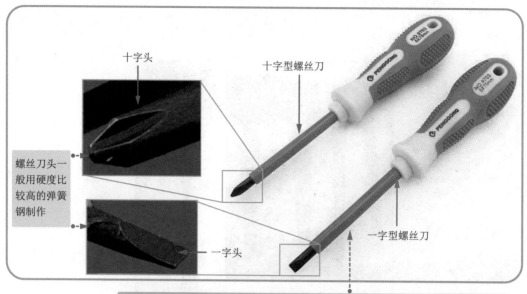

十字头

十字型螺丝刀

螺丝刀头一般用硬度比较高的弹簧钢制作

一字头

一字型螺丝刀

在使用螺丝刀时，需要选择与螺丝大小相匹配的螺丝刀头，太大或太小，容易损坏螺丝和螺丝刀。另外，电工用螺丝刀的把柄要选用耐压500V以上的绝缘体把柄。

图2-24　螺丝刀

2. 活扳手

扳手是用来拧螺栓、螺钉、螺母和其他螺纹紧持螺栓或螺母的开口或套孔固件的手工工具。如图2-25所示为活扳手的结构。

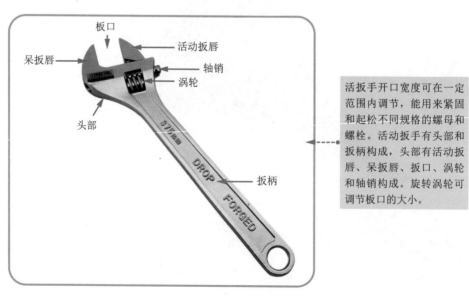

板口

活动扳唇

呆扳唇

轴销

涡轮

头部

扳柄

活扳手开口宽度可在一定范围内调节，能用来紧固和起松不同规格的螺母和螺栓。活动扳手有头部和扳柄构成，头部有活动扳唇、呆扳唇、扳口、涡轮和轴销构成。旋转涡轮可调节板口的大小。

图2-25　活扳手的结构

下图2-26是使用活扳手拧紧六角螺母的具体实践方法。

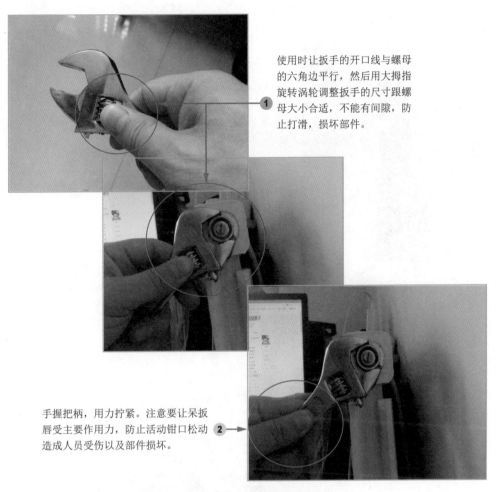

使用时让扳手的开口线与螺母的六角边平行，然后用大拇指旋转涡轮调整扳手的尺寸跟螺母大小合适，不能有间隙，防止打滑，损坏部件。 **1**

手握把柄，用力拧紧。注意要让呆扳唇受主要作用力，防止活动钳口松动造成人员受伤以及部件损坏。 **2**

图2-26　活扳手使用方法

3. 钢丝钳

钢丝钳是电工常用工具，可用来紧固螺钉、弯绞导线、剪切导线和侧铡导线等，如图2-27所示为钢丝钳基本结构。

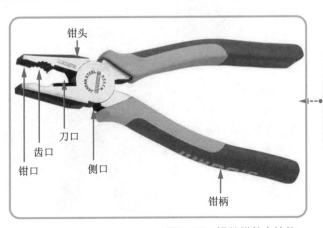

钳头

齿口

刀口

钳口

侧口

钳柄

由钳头和钳柄组成，常用规格有150 mm、175 mm、200mm及250mm等多种。电工用钢丝钳的钳柄应套有可耐压500V以上的绝缘套管。

图2-27　钢丝钳基本结构

下图2-28展示了钢丝钳的几种常用用途。

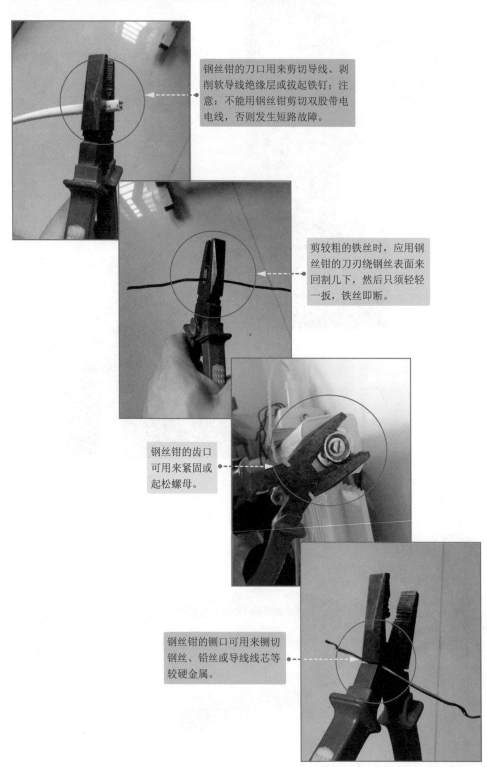

钢丝钳的刀口用来剪切导线、剥削软导线绝缘层或拔起铁钉；注意：不能用钢丝钳剪切双股带电电线，否则发生短路故障。

剪较粗的铁丝时，应用钢丝钳的刀刃绕钢丝表面来回割几下，然后只须轻轻一扳，铁丝即断。

钢丝钳的齿口可用来紧固或起松螺母。

钢丝钳的铡口可用来铡切钢丝、铅丝或导线线芯等较硬金属。

图2-28 钢丝钳常用用途

4. 尖嘴钳

尖嘴钳主要用来剪切线径较细的单股与多股线，还可以给单股导线接头弯圈、剥塑料绝缘层等，其能在较狭小的工作空间操作。尖嘴钳的基本结构和使用方法如图2-29所示。

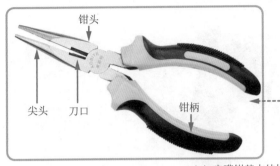

钳头

尖头　　刀口　　　　　　钳柄

尖嘴钳是由尖头、刀口和钳柄组成，电工用尖嘴钳的　材质一般由45#钢制作，钳柄上套有额定电压500V的绝缘套管。

（a）尖嘴钳基本结构

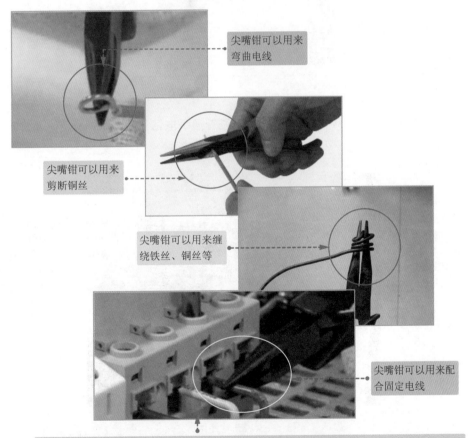

尖嘴钳可以用来弯曲电线

尖嘴钳可以用来剪断铜丝

尖嘴钳可以用来缠绕铁丝、铜丝等

尖嘴钳可以用来配合固定电线

尖嘴钳使用注意事项：（1）绝缘手柄损坏时，不可用来剪切带电电线。（2）为保证安全，手离金属部分的距离应不小于2cm。（3）钳头比较尖细，且经过热处理，所以钳夹物体不可过大，用力时不要过猛，以防损坏钳头。（4）注意防潮，钳轴要经常加油，以防止生锈。

（b）尖嘴钳使用方法

图2-29　尖嘴钳的基本结构和使用方法

5. 冲击钻

冲击钻是空调器安装过程中常用的工具之一。如图2-30所示。

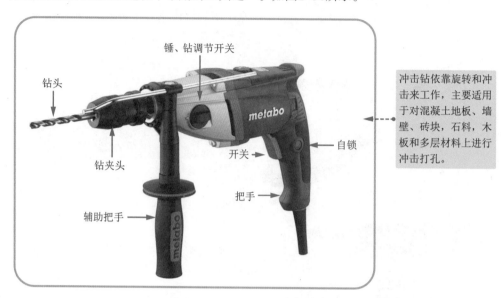

钻头

锤、钻调节开关

钻夹头

开关

自锁

把手

辅助把手

冲击钻依靠旋转和冲击来工作，主要适用于对混凝土地板、墙壁、砖块，石料，木板和多层材料上进行冲击打孔。

图2-30　冲击钻基本结构

冲击钻工作时在钻头夹头处有调节旋钮，可调普通手电钻和冲击钻两种方式。冲击钻使用方法如图2-31所示。

使用冲击钻时，先找好钻孔的位置，并做好记号。然后右手抓钻的把手，左手抓钻的辅助把手，准备钻孔。

钻孔时应使钻头缓慢接触工件，不得用力过猛或出现歪斜操作，折断钻头，烧坏电机。

两手将冲击钻端平，使钻头和墙面保持九十度。按下开关，不要用力太大向前推动，否则不会产生冲击力。

图2-31　冲击钻使用方法

2.6　空调器管路检修工具

空调器管路检修工具主要包括：气焊设备、切管器、扩管器、封口钳、弯管器、真空泵、压力表、三通检修阀和五通检修阀等，下面分别讲解。

2.6.1　气焊操作

气焊是指利用可燃气体与助燃气体混合燃烧生成的火焰为热源，熔化焊件和焊接材料使之相结合的一种焊接方法。气焊使用的焊料为铜磷合金焊条（铜焊条）。

维修空调器时，常用的气焊设备主要有燃气瓶、氧气瓶、压力表、减压阀、焊枪和胶管等，主要用于对空调器的管路进行焊接。如图2-32所示。

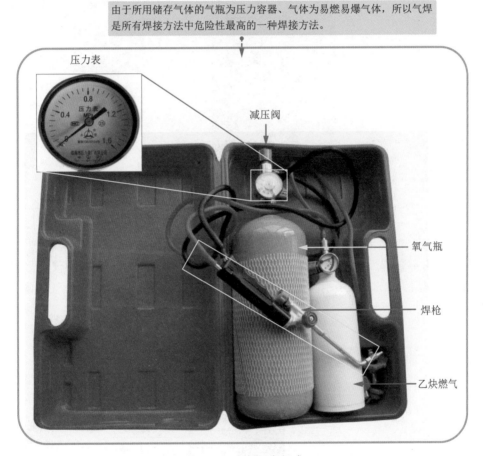

由于所用储存气体的气瓶为压力容器、气体为易燃易爆气体，所以气焊是所有焊接方法中危险性最高的一种焊接方法。

压力表

减压阀

氧气瓶

焊枪

乙炔燃气

图2-32　气焊设备组成

1. 氧气瓶

在氧气瓶的上部安装阀门和检测仪表。总阀门位于氧气瓶的顶端，用于控制氧气的输出。输出控制阀门也称为减压阀，用于控制氧气的输出量，在瓶口处还设置有输出压力表用于指示输出的氧气量。如图2-33所示。

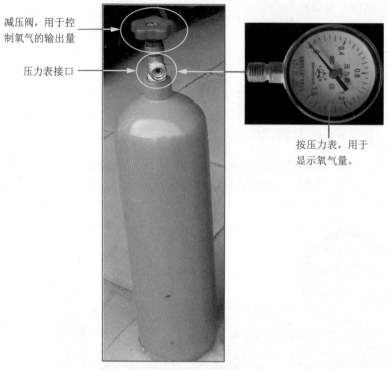

减压阀，用于控
制氧气的输出量

压力表接口

按压力表，用于
显示氧气量。

图2-33 氧气瓶

2. 燃气瓶

燃气瓶的内部装有焊接时所需的乙炔燃气，在顶部同样设有阀门和检测仪表，侧面阀门是燃气瓶的总阀门，顶部阀门是用于控制乙炔燃气的流量，压力表可指示出燃气的输出量。如图2-34所示。

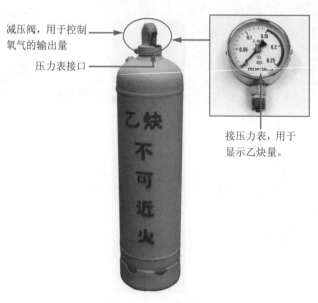

减压阀，用于控制
氧气的输出量

压力表接口

接压力表，用于
显示乙炔量。

图2-34 乙炔燃料瓶

3．焊枪

焊枪的手柄上有两个端口，这两个端口都通过链接软管分别接相应的燃气瓶和氧气瓶。焊枪的手柄处设置有燃气控制旋钮和氧气控制旋钮，它们分别用来调节燃气和氧气的输出量，调节这两个旋钮可以改变火焰的大小。如图2-35所示。

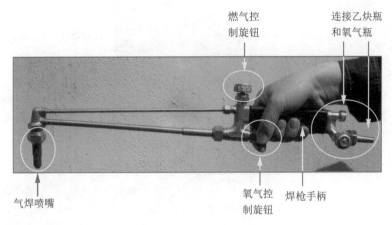

图2-35　焊枪的基本结构

4．气焊焊接方法

气焊焊接操作方法如图2-36所示。

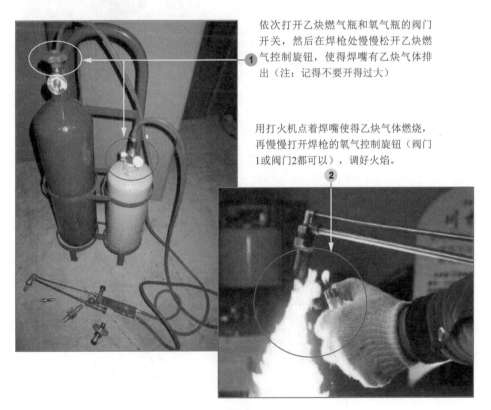

① 依次打开乙炔燃气瓶和氧气瓶的阀门开关，然后在焊枪处慢慢松开乙炔燃气控制旋钮，使得焊嘴有乙炔气体排出（注：记得不要开得过大）

② 用打火机点着焊嘴使得乙炔气体燃烧，再慢慢打开焊枪的氧气控制旋钮（阀门1或阀门2都可以），调好火焰。

图2-36　气焊焊接操作方法

对焊口进行清洁，并且对焊口或管道进行预热，当铜管的颜色呈暗红色时立即将焊条放在焊接处继续加热，直到焊条充分熔化流向间隙处并牢固附在管道上时，移去火焰，焊接完毕。

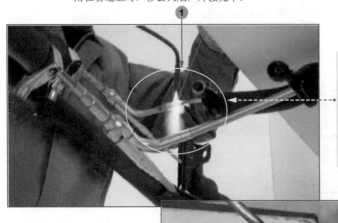

加热工件时应使火焰焰心尖端2-4mm处接触起焊点，工件厚度相同时，火焰指向工件接缝处，厚度不等时应偏向厚的一侧，以保证形成熔池的位置在焊接接缝上。

熄灭焊接火焰时应先关小氧气控制旋钮，再关闭燃气控制旋钮，最后关闭氧气控制旋钮，火焰熄灭后再开启氧气控制旋钮吹一下，检查焊接火焰是否熄灭。最后关闭氧气瓶和乙炔瓶阀门。

图2-36　气焊焊接操作方法（续）

2.6.2　切管器

　　切管器也称为切管刀，是专门切断紫铜管、铝管等金属管的工具。在对空调器进行检修时，经常会使用切管器对制冷管路进行切割，切割成不同的长度。如图2-37所示。

（即扫即看）

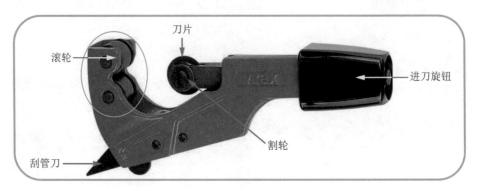

滚轮　　刀片　　进刀旋钮　　割轮　　刮管刀

图2-37　切管器基本结构

切管器的使用方法如图2-38所示。

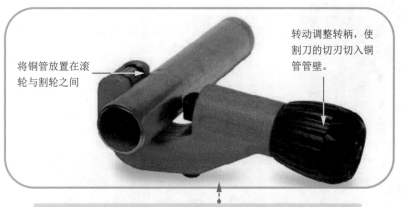

将铜管放置在滚轮与割轮之间

转动调整转柄，使割刀的切刃切入铜管管壁。

将铜管放置在滚轮与割轮之间，铜管的侧壁贴紧两个滚轮的中间位置，割轮的切口与铜管垂直夹紧。然后转动调整转柄，使割刀的切刃切入铜管管壁，随即均匀地将割刀整体环绕铜管旋转。

图2-38 切割铜管

2.6.3 扩管器

扩管器又称为涨管器。主要用来制作铜管的喇叭口和圆柱形口，以便与另一根管良好地插接，如图2-39所示。

（即扫即看）

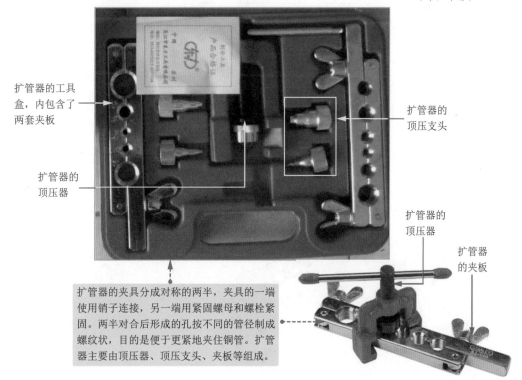

扩管器的工具盒，内包含了两套夹板

扩管器的顶压支头

扩管器的顶压器

扩管器的顶压器

扩管器的夹板

扩管器的夹具分成对称的两半，夹具的一端使用销子连接，另一端用紧固螺母和螺栓紧固。两半对合后形成的孔按不同的管径制成螺纹状，目的是便于更紧地夹住铜管。扩管器主要由顶压器、顶压支头、夹板等组成。

图2-39 扩管器基本结构

下面以制作铜管的喇叭口为例介绍扩管器的使用方法如图2-40所示。

① 将铜管放置于相应管径的夹具孔中，拧紧夹具上的紧固螺母，将铜管夹紧。管口的高度应高出斜边的1/3。然后将扩管顶压支头旋固在螺杆上，连同弓形架一起固定在夹具的两侧。

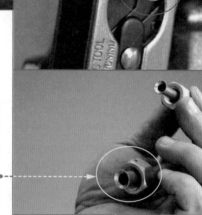

② 缓慢旋紧螺杆，使锥头顶进管内，将管口扩大，直至扩成喇叭形为止。然后旋出定压器。

注意：当锥头进入管口时，不要过分用力，并每旋进1圈后再倒旋半圈，这样反复进行以防止喇叭口裂纹。

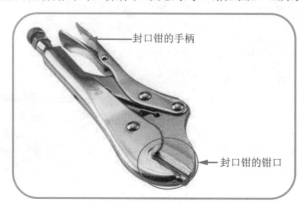

图2-40　扩管器使用方法（喇叭口）

2.6.4　封口钳

封口钳主要用于空调器管路的封口操作，常见的封口钳如图2-41所示。

封口钳的手柄

封口钳的钳口

图2-41　封口钳基本结构

封口钳的使用方法如图2-42所示。

先用钳口夹住铜管口，然后
选定距铜管与压力表焊口2cm
1 左右的位置作为封口处，用
砂纸将铜管打磨干净，使用
气焊设备对封口处加热。

待封口软化后，用封口钳钳住
封口处并用力按压钳手柄，将
2 铜管管口封死。同时使用气焊
设备对封口末端进行加热，待
铜管软化后，将其剪断。

最后再用气焊设备将封
口焊死。断口焊好后取
下封口钳，再对封口处 **3**
进行补焊，即可完成铜
管的封口操作。

图2-42 使用封口钳将铜管封口

2.6.5 弯管器

弯管器是空调安装布管过程中常用到的工具，用于将空调器铜管弯曲，弯管器使用方法如图2-43所示。

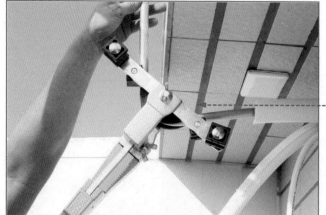

先将铜管的弯曲部位退火（金属热处理工艺），把铜管插入滚轮和导轮之间的槽内并用紧固螺钉将铜管固定，然后将活动杠杆按顺时针方向转动，铜管在滚轮和导轮的导槽中被弯曲成所需形状。

更换不同半径的导轮，可弯曲不同弯曲半径的管道，但是铜管的弯曲半径不宜小于铜管直径的三倍，不然铜管弯曲部位的内腔易变形。

弯管器使管道弯曲工整、圆滑、快捷。对其管道不产生变型、不裂变。弯管的范围一般为：直径14、16、18、20、25、32mm的管道。

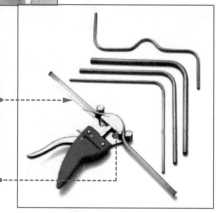

图2-43　弯管器

2.6.6　真空泵

在维修空调器时，有时需要向空调中打压氮气，检测气密性（检漏）。由于空调器的制冷系统工作时不允许存在不凝性气体和水分。而空气和氮气都属于不凝性气体，所以为制冷系统加注制冷剂前必须对它进行抽真空操作。常见的真空泵如图2-44所示。

连接三通检修表阀

一般对空调进行抽真空，都会采用排气量为2~4L/S的小型的真空泵。

图2-44　真空泵外观及基本结构

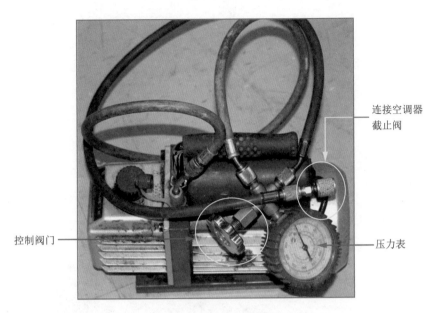

连接空调器
截止阀

控制阀门

压力表

图2-44　真空泵外观及基本结构（续）

2.6.7　压力表和三通检修阀

空调器维修时，经常会用到压力表和三通检修阀，压力表主要是用于检测空调器制冷剂（氟利昂等）的多少，三通检修阀可以用于连接压力表和加氟管，主要功能是实现空调的加氟和抽空处理。

1. 压力表

压力表通常用来检测控制制冷管中的制冷剂的压力。常见压力表如图2-45所示。

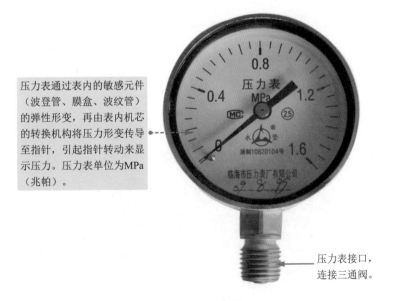

压力表通过表内的敏感元件（波登管、膜盒、波纹管）的弹性形变，再由表内机芯的转换机构将压力形变传导至指针，引起指针转动来显示压力。压力表单位为MPa（兆帕）。

压力表接口，
连接三通阀。

图2-45　压力表

2. 三通检修阀

三通检修表阀的主要作用是将空调器的制冷系统与压力表、制冷剂瓶和氮气瓶等维修设备进行连接，并测量管路的压力值，进而判断制冷剂的充注量。如图2-46所示。

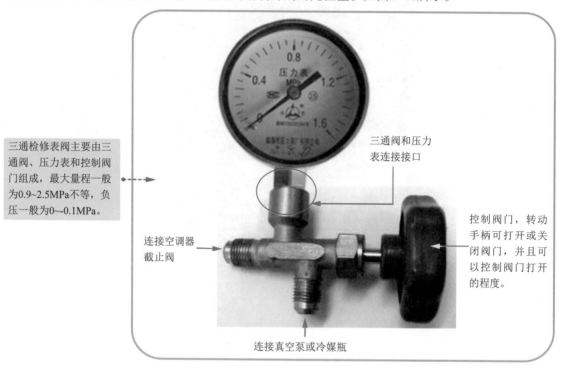

三通检修表阀主要由三通阀、压力表和控制阀门组成，最大量程一般为0.9~2.5MPa不等，负压一般为0~-0.1MPa。

三通阀和压力表连接接口

控制阀门，转动手柄可打开或关闭阀门，并且可以控制阀门打开的程度。

连接空调器截止阀

连接真空泵或冷媒瓶

图2-46 三通检修阀

2.6.8 五通检修阀

五通检修阀是带有低压表和高压表的检修阀，可以同时连接真空泵、冷媒和空调器，在抽真空加冷媒时，一次连接好，就可完成所有操作，如图2-47所示为五通检修阀。

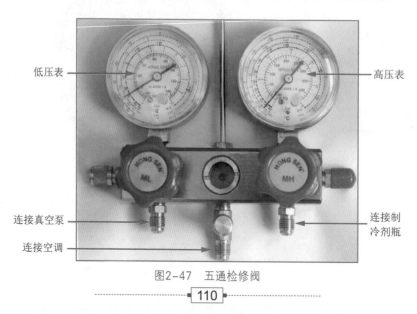

低压表

高压表

连接真空泵

连接制冷剂瓶

连接空调

图2-47 五通检修阀

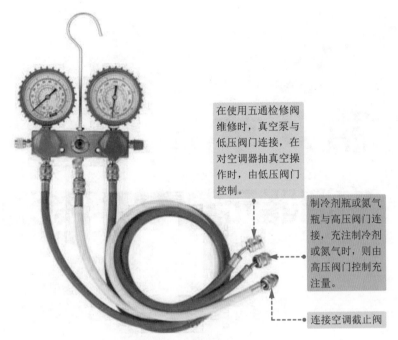

在使用五通检修阀维修时，真空泵与低压阀门连接，在对空调器抽真空操作时，由低压阀门控制。

制冷剂瓶或氮气瓶与高压阀门连接，充注制冷剂或氮气时，则由高压阀门控制充注量。

连接空调截止阀

图2-47　五通检修阀（续）

第3章

空调器元器件好坏检测实战

空调器的电路板是由不同功能和特性的电子元器件组成的。掌握主要电子元器件好坏检修方法，是学习空调器维修技术的必修内容。接下来本章将重点讲解空调器中主要电子元器件的检测思路与实操步骤。

3.1 电阻器检测实战

在电路中，电阻器的主要作用是稳定和调节电路中的电流和电压，起到控制某一部分电路的电压和电流比例的作用。电阻器是电路元件中应用最广泛的一种，在电子设备中约占电子元器件总数的30%。

3.1.1 常用电阻器有哪些

电阻器是电路中最基本的元器件之一，其种类较多，如图3-1所示。

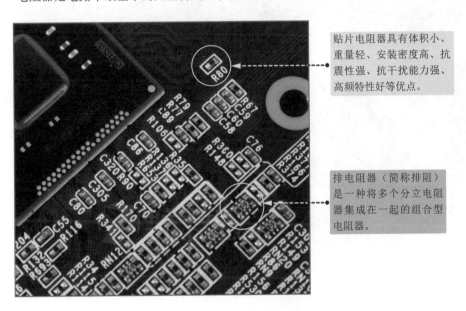

贴片电阻器具有体积小、重量轻、安装密度高、抗震性强、抗干扰能力强、高频特性好等优点。

排电阻器（简称排阻）是一种将多个分立电阻器集成在一起的组合型电阻器。

保险电阻的特性是阻值小，超过额定电流时就会烧坏，在电路中起到保护作用。

图3-1 电阻器的种类

碳膜电阻器电压稳定性好，造价低，从外观看，碳膜电阻器有四个色环，为蓝色。

金属膜电阻器体积小、噪声低，稳定性良好。从外观看，金属膜电阻器有五个色环，一般为土黄色颜色。

压敏电阻器主要用在电气设备交流输入端，用做过压保护。当输入电压过高时，它的阻值将减小，使串联在输入电路中的保险管熔断，切断输入，从而保护电气设备。

图3-1　电阻器的种类（续）

3.1.2　认识电阻器的符号很重要

　　维修电路时，通常需要参考电器设备的电路原理图来查找问题，而电路图中的元器件主要用元器件符号来表示。元器件符号包括文字符号和图片符号。其中，电阻器一般用"R"、"RN"、"RF"、"FS"等文字符号来表示。表3-1为常见电阻的电路图形符号，图3-2为电路图中常见电阻器的符号。

表3-1　常见电阻电路图形符号

一般电阻	可变电阻	光敏电阻	压敏电阻	热敏电阻
—▭—	—▱⁄—	▱⁄	U ▭⁄	θ ▭⁄
—∿—	∿↗	∿	U ∿↗	θ ∿↗

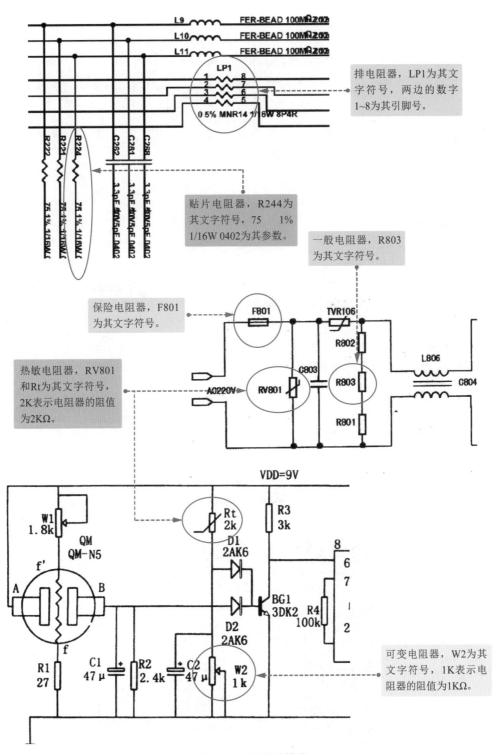

图3-2 电阻器的符号

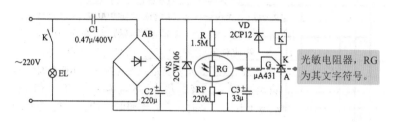

图3-2　电阻器的符号（续）

3.1.3　轻松计算电阻器的阻值

电阻的阻值标注法通常有色环法和数标法。色环法在一般的电阻上比较常见，数标法通常用在贴片电阻器上。

1. 读懂色环法标注的电阻器

色环法是指用色环标注阻值的方法，色环标注法使用最多，普通的色环电阻器用四环表示，精密电阻器用五环表示，紧靠电阻体一端头的色环为第一环，露着电阻体本色较多的另一端头为末环。

如果色环电阻器用四环表示，前面两位数字是有效数字，第三位是10的倍率，第四环是色环电阻器的误差范围。如图3-3所示。

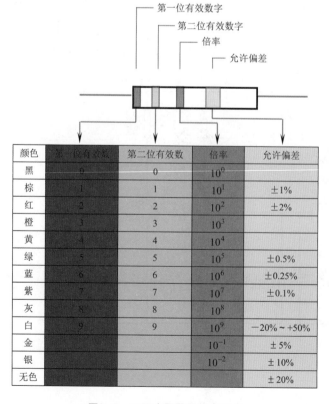

颜色	第一位有效数数	第二位有效数	倍率	允许偏差
黑	0	0	10^0	
棕	1	1	10^1	±1%
红	2	2	10^2	±2%
橙	3	3	10^3	
黄	4	4	10^4	
绿	5	5	10^5	±0.5%
蓝	6	6	10^6	±0.25%
紫	7	7	10^7	±0.1%
灰	8	8	10^8	
白	9	9	10^9	−20%～+50%
金			10^{-1}	±5%
银			10^{-2}	±10%
无色				±20%

图3-3　四环电阻器阻值色码表

如果色环电阻器用五环表示，前面三位数字是有效数字，第四位是10的倍率，第五环是色环电阻器的误差范围。如图3-4所示。

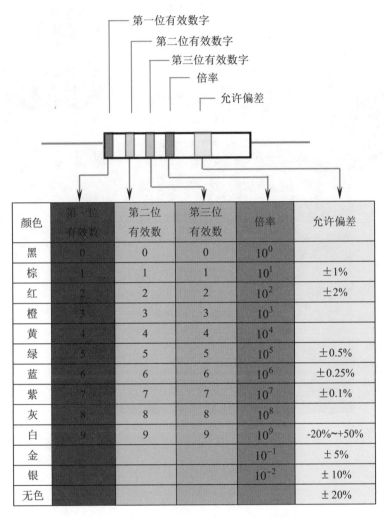

颜色	第一位 有效数	第二位 有效数	第三位 有效数	倍率	允许偏差
黑	0	0	0	10^0	
棕	1	1	1	10^1	±1%
红	2	2	2	10^2	±2%
橙	3	3	3	10^3	
黄	4	4	4	10^4	
绿	5	5	5	10^5	±0.5%
蓝	6	6	6	10^6	±0.25%
紫	7	7	7	10^7	±0.1%
灰	8	8	8	10^8	
白	9	9	9	10^9	-20%~+50%
金				10^{-1}	±5%
银				10^{-2}	±10%
无色					±20%

图3-4　五环电阻器阻值色码表

根据电阻器色环的读识方法，可以很轻松的计算出电阻器的阻值，如图3-5所示。

电阻的色环为：棕、绿、黑、白、棕五环，对照色码表，其阻值为$150×10^9\Omega$，误差为±1%。

电阻的色环为：灰、红、黄、金四环，对照色码表，其阻值为$82×10^4\Omega$，误差为±5%。

图3-5　计算电阻阻值

2. 读懂数标法标注的电阻器

数标法用三位数表示阻值，前两位表示有效数字，第三位数字是倍率。如图3-6所示。

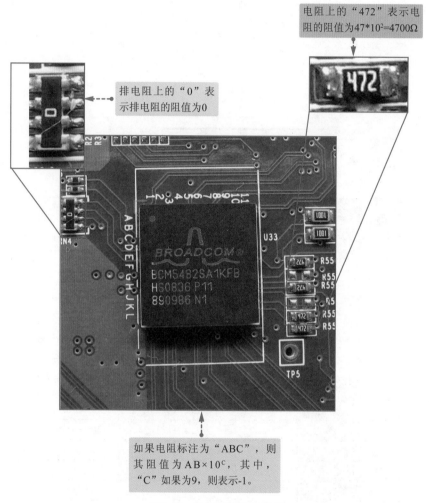

电阻上的"472"表示电阻的阻值为 $47*10^2=4700\Omega$

排电阻上的"0"表示排电阻的阻值为0

如果电阻标注为"ABC"，则其阻值为 $AB\times10^C$，其中，"C"如果为9，则表示-1。

图3-6　数标法标注电阻器

可调电阻在标注阻值时，也常用二位数字表示。第一位表示有效数字，第二位表示倍率。如："24"表示 $2\times10^4=20k\Omega$。还有标注时用R表示小数点，如R22=0.22Ω，2R2=2.2Ω。

3.1.4　实战检测判断固定电阻器的好坏

有些柱状固定电阻开路或阻值增大后，其表面会有很明显的变化，比如裂痕、引脚断开或颜色变黑，此时通过直观检查法就可以确认其好坏。如果从外观无法判断好坏，则需要用万用表对其进行检测来判断其是否正常。用万用表测量电阻同样分为在路检测和开路检测两种方法。

（即扫即看）

其中，在路检测是指直接在电路板上检测；开路测量一般将电阻从电路板上取下或悬空一个引脚后对其进行测量。下面用开路检测的方法测量柱状固定电阻器，如图3-7所示。

首先记录电阻的标称阻值，本次开路测量的电阻采用的并不是直标法而是色环标注法。该电阻的色环顺序为红黑黄金，即该电阻的标称阻值为200kΩ，允许偏差在±5%。

①

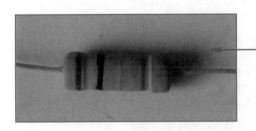

② 接着用电烙铁将电阻器从电路板上卸下。

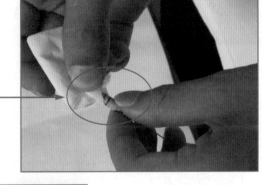

清理待测电阻器引脚上的灰尘，如果有锈渍可以拿细砂纸打磨一下，否则会影响到检测结果。如果问题不大，拿纸巾轻轻擦拭即可。擦拭时不可太过用力以免将其引脚折断。

③

红、黑表笔分别搭在电阻器两端的引脚处（不用考虑极性问题），测量时人体一定不要同时接触两引脚以免因和电阻并联而影响测量结果。

⑤

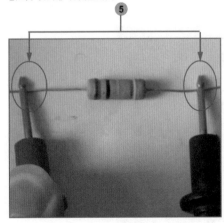

----- 测得数值为0.198

根据电阻器的标称阻值调节万用表的量程。因为被测电阻为200kΩ，允许偏差在±5%，测量结果可能比200kΩ大，所以应该选择2M的量程进行测量。测量时，将黑表笔插进"COM"孔中，红表笔插进"VΩ"孔。

图3-7　检测判断固定电阻器的好坏

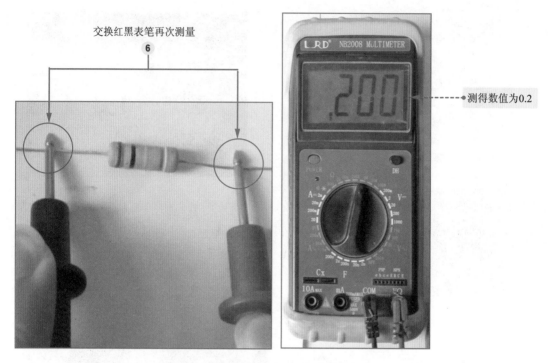

交换红黑表笔再次测量

6

测得数值为0.2

图3-7 检测判断固定电阻器的好坏（续）

结论：取较大的数值作为参考，这里取"0.2M"，0.2MΩ=200kΩ。该值与标称阻值一致，因此可以断定该电阻可以正常使用。

3.1.5 实战检测判断贴片电阻器好坏

对于小型的电器设备，电路中主要使用贴片电阻器，检测电路中的贴片电阻器时，一般情况下，先采用在路测量；如果在路检测无法判断好坏的情况下，再采用开路测量。

测量电路中的贴片电阻的方法如图3-8所示。

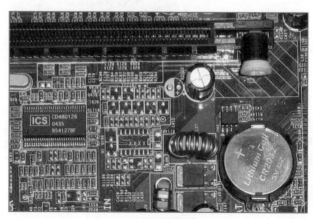

（a）待测电阻器

图3-8 测量电路中的贴片电阻

观察待测电阻器有无烧
焦、有无虚焊等情况。
如果有则电阻器损坏。

接下来根据电阻器的标注，
读出电阻器的阻值。图中标
注为"330"，它的阻值应为
"33Ω"（即33×10^0）

首先将主板的电源断开，如果
测量主板CMOS电路中的电阻
器，应该把电池也卸下。

接下来清洁电阻器的两端焊
点，去除灰尘和氧化层。

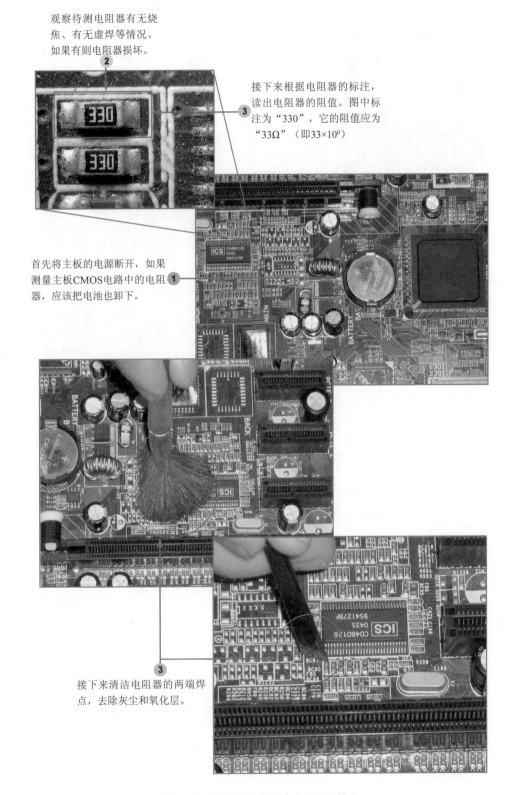

图3-8 测量电路中的贴片电阻（续）

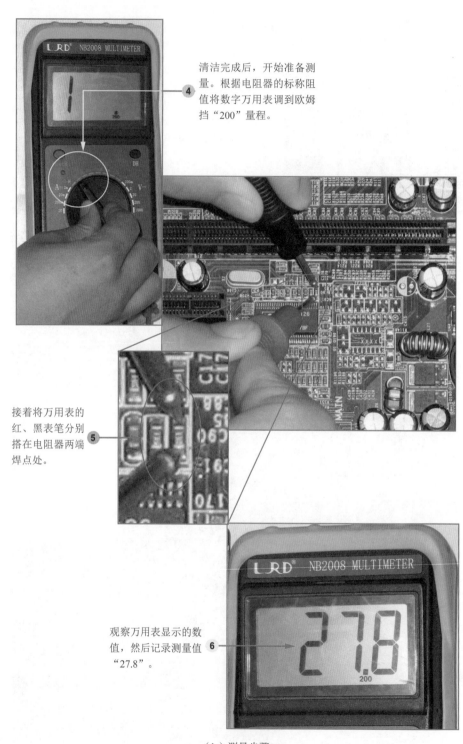

清洁完成后，开始准备测量。根据电阻器的标称阻值将数字万用表调到欧姆挡"200"量程。 **4**

接着将万用表的红、黑表笔分别搭在电阻器两端焊点处。 **5**

观察万用表显示的数值，然后记录测量值"27.8"。 **6**

（b）测量步骤

图3-8　测量电路中的贴片电阻（续）

注意：万用表所设置的量程要尽量与电阻标识称值近似；如使用数字万用表测量标称阻值为

"100Ω"的电阻器，则最好使用"200"量程；若待测电阻的标称阻值为"60kΩ"，则需要选择"200K"的量程。总之，所选量程与待测电阻阻值尽可能相对应，这样才能保证测量的准确。

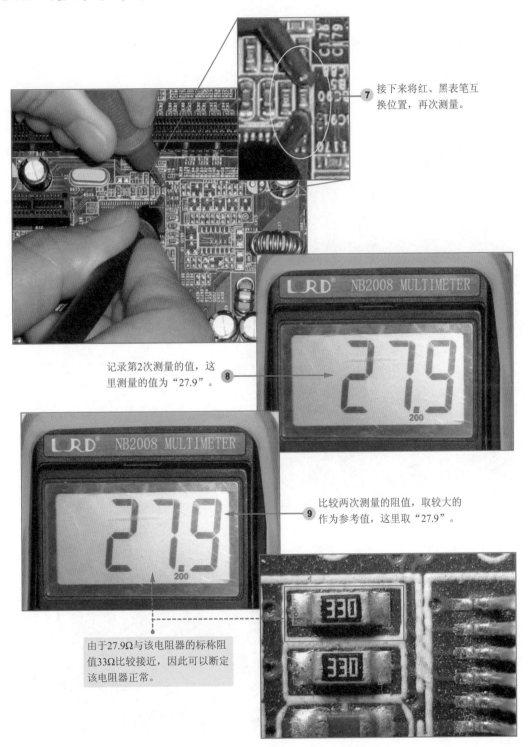

⑦ 接下来将红、黑表笔互换位置，再次测量。

记录第2次测量的值，这里测量的值为"27.9"。⑧

比较两次测量的阻值，取较大的作为参考值，这里取"27.9"。⑨

由于27.9Ω与该电阻器的标称阻值33Ω比较接近，因此可以断定该电阻器正常。

图3-8　测量电路中的贴片电阻（续）

3.2 电容器检测实战

电容器也是在电路中用途广泛的电子元器件之一，电容器由两个相互靠近的导体极板中间夹一层绝缘介质构成，它是一种重要的储能元器件。

3.2.1 常用电容器有哪些

常用的电容器如图3-9所示。

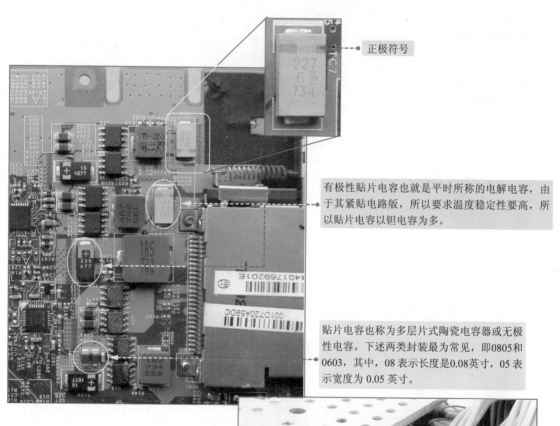

正极符号

有极性贴片电容也就是平时所称的电解电容，由于其紧贴电路版，所以要求温度稳定性要高，所以贴片电容以钽电容为多。

贴片电容也称为多层片式陶瓷电容器或无极性电容。下述两类封装最为常见，即0805和0603，其中，08表示长度是0.08英寸，05表示宽度为0.05英寸。

铝电解电容器是由铝圆筒做负极，里面装有液体电解质，插入一片弯曲的铝带做正极而制成的。铝电解电容器的特点是容量大、漏电大、稳定性差，适用于低频或滤波电路，有极性限制，使用时不可接反。

图3-9　常用电容器

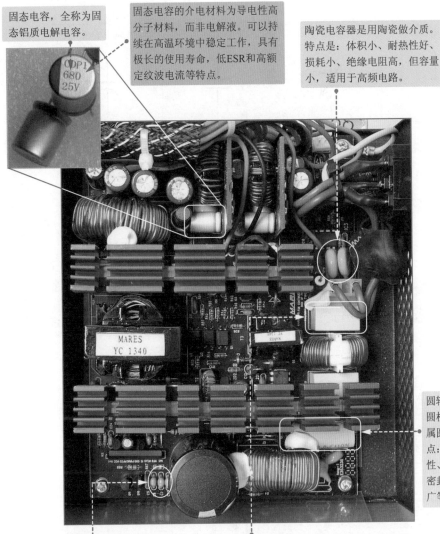

固态电容，全称为固态铝质电解电容。

固态电容的介电材料为导电性高分子材料，而非电解液。可以持续在高温环境中稳定工作，具有极长的使用寿命，低ESR和高额定纹波电流等特点。

陶瓷电容器是用陶瓷做介质。特点是：体积小、耐热性好、损耗小、绝缘电阻高，但容量小，适用于高频电路。

圆轴向电容器由一根金属圆柱和一个与它同轴的金属圆柱壳组合而成。其特点：损耗小、优异的自愈性、阻燃胶带外包和环氧密封、耐高温、容量范围广等。

独石电容器属于多层片式陶瓷电容器，它是一个多层叠合的结构，由多个简单平行板电容器的并联体。它的温度特性好，频率特性好，容量比较稳定。

安规电容适用于这样的场合：即电容器失效后，不会导致电击，不危及人身安全。出于安全考虑和EMC考虑，一般在电源入口建议加上安规电容。它们用在电源滤波器里，起到电源滤波作用，分别对共模、差模干扰起滤波作用。

图3-9 常用电容器（续）

3.2.2 认识电容器的符号很重要

维修电路时，通常需要参考电器设备的电路原理图来查找问题，下面我们结合电路图来识别电路图中的电容器。电容器一般用"C"、"PC"、"EC"、"TC"、"BC"等文字符号来表示。如表3-2和图3-10所示分别为电容的电路图形符号和电路图中的电容器符号。

表3-2　常见电容电路符号

固定电容器	可变电容器	极性电容器	电解电容器

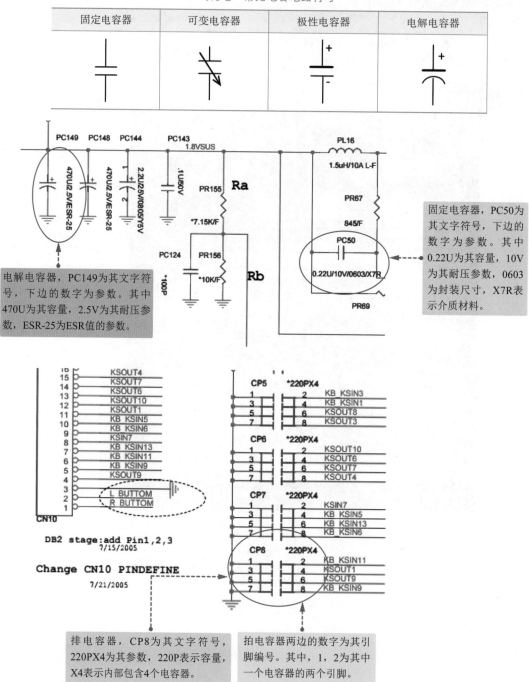

电解电容器，PC149为其文字符号，下边的数字为参数。其中470U为其容量，2.5V为其耐压参数，ESR-25为ESR值的参数。

固定电容器，PC50为其文字符号，下边的数字为参数。其中0.22U为其容量，10V为其耐压参数，0603为封装尺寸，X7R表示介质材料。

排电容器，CP8为其文字符号，220PX4为其参数，220P表示容量，X4表示内部包含4个电容器。

拍电容器两边的数字为其引脚编号。其中，1，2为其中一个电容器的两个引脚。

图3-10　电路图中电容器的符号

3.2.3　如何读懂电容器的参数

电容器的参数通常会标注在电容器上，一般有直标法和数字标法两种，电容器的标注读识方法如图3-11所示。

直标法就是用数字或符号将电容器的有关参数（主要是标称容量和耐压）直接标示在电容器的外壳上，这种标注法常见于电解电容和体积稍大的电容器上。

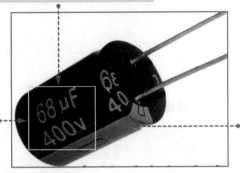

电容上如果标注为"68μF 400V"，表示容量为68μF，耐压为400V。

有极性的电容，通常在负极引脚端会有负极标识"−"，通常负极端颜色和其他地方不同。

（a）直标法

107表示10×10⁷＝100000000pF＝100μF，16V为耐压参数

采用数字标注时常用三位数，前两位数表示有效数，第三位数表示倍乘率，单位为pF。如：101表示$10 \times 10^1 = 100$pF；104表示$10 \times 10^4 = 100000$pF$= 0.1$μF；223表示$22 \times 10^3 = 22000$pF$= 0.022$μF。

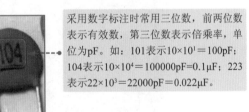

（b）数字标法

如果数字后面跟字母，则字母表示电容容量的误差，其误差值含义为：G表示±2%，J表示±5%；K表示±10%；M表示±20%；N表示±30%；P表示+100%，-0%；S表示+50%，-20%；Z表示+80%，-20%。

（c）偏差表示

图3-11　读懂电容器的参数

3.2.4　实战检测判断电解电容器的好坏

一般数字万用表中都带有专门的电容挡，用来测量电容器的容量，下面就用数字万用表中的电容挡测量电解电容器的容量，以判定电容器是否正常。具体测量方法如图3-12所示。

（即扫即看）

注：绝大多数电子元器件检测前，首先要通过外观观察其是否损坏，并进行清洁，前面已讲过，不再赘述。

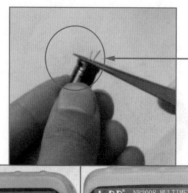

① 对电解电容进行放电。将小阻值电阻的两个引脚与电解电容的两个引脚相连进行放电或用镊子夹住两个引脚进行放电。

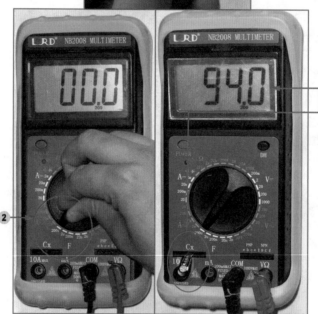

③ 接着将电解电容器插入到万用表的电容测量孔中，然后观察万用表的表盘，显示测量的值为"94.0"。

② 根据电解电容器的标称容量（100μF），将数字万用表的旋钮调到电容挡的"200u"量程。

图3-12　测量电解电容器的好坏

结论：由于测量的容量值"94μF"与电容器的标称容量"100μF"比较接近，因此可以判断该电容器正常。

提示：（1）如果拆下后电容器的引脚太短或者是贴片固态电容器，可以将电容器的引脚接长测量。

（2）如果测量的电容器的容量与标称容量相差较大或为0，则电容器损坏。

3.2.5 实战检测判断贴片电容器的好坏

由于万用表无法测量贴片电容器的容量，所以只能使用数字万用表的二极管挡对其进行粗略的测量，以判定其是否正常。如图3-13所示。

（即扫即看）

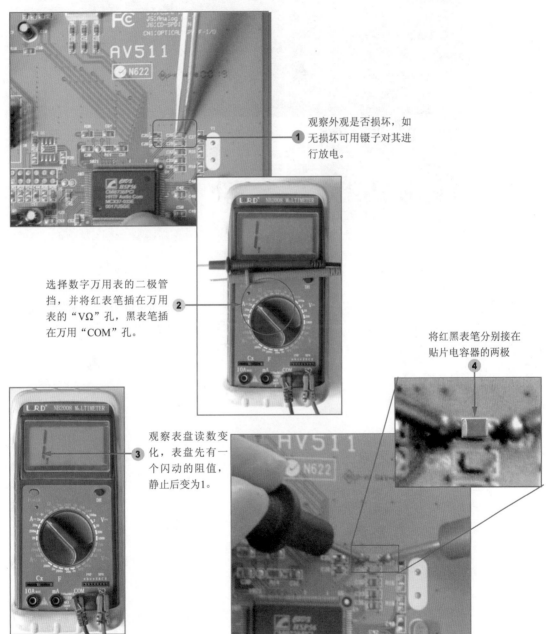

1 观察外观是否损坏，如无损坏可用镊子对其进行放电。

2 选择数字万用表的二极管挡，并将红表笔插在万用表的"VΩ"孔，黑表笔插在万用"COM"孔。

3 观察表盘读数变化，表盘先有一个闪动的阻值，静止后变为1。

4 将红黑表笔分别接在贴片电容器的两极

图3-13 用数字万用表检测贴片电容器的方法

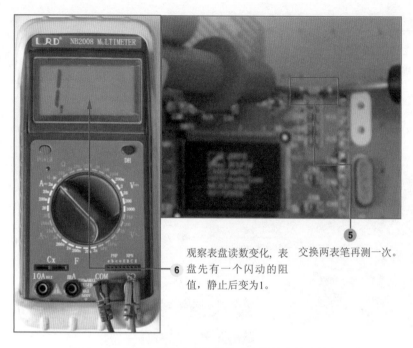

观察表盘读数变化，表 6 交换两表笔再测一次。 5
盘先有一个闪动的阻
值，静止后变为1。

图3-13 用数字万用表检测贴片电容器的方法（续）

测量分析：两次测量数字表均先有一个闪动的数值，而后变为"1."即阻值为无穷大，所以该电容器基本正常。如果用上述方法检测，万用表始终显示一个固定的阻值，说明电容器存在漏电现象；如果万用表始终显示"000"，说明电容器内部发生短路；如果始终显示"1."（不存在闪动数值，直接为"1."），电容器内部极间已发生断路。

3.3 电感器检测实战

电感器是一种能够把电能转化为磁能并储存起来的电子元器件，它主要的功能是阻止电流的变化。当电流从小到大变化时，电感阻止电流的增大。当电流从大到小变化时，电感阻止电流减小；电感器常与电容器配合在一起工作，在电路中主要用于滤波（阻止交流干扰）、振荡（与电容器组成谐振电路）、波形变换等。

3.3.1 常用电感器有哪些

电路中常用的电感器如图3-14所示。

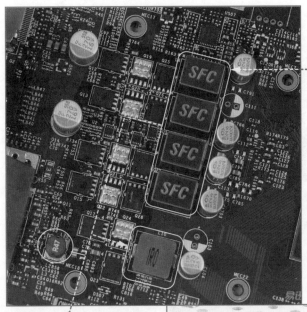

全封闭式超级铁素体（SFC），此电感可以依据当时的供电负载，来自动调节电力的负载。

磁棒电感的结构是在线圈中安插一个磁棒制成的，磁棒可以在线圈内移动，用以调整电感的大小。通常将线圈做好调整后要用石蜡固封在磁棒上，以防止磁棒的滑动而影响电感正常使用。

封闭式电感是将线圈完全密封在一个绝缘盒中制成的。这种电感减少了外界对电感的影响，性能更加稳定。

磁环电感的基本结构是在磁环上绕制线圈制成的，磁环的存在大大提高了线圈电感的稳定性，磁环的大小以及线圈的缠绕方式都会对电感造成很大的影响。

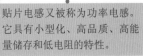

贴片电感又被称为功率电感。它具有小型化、高品质、高能量储存和低电阻的特性。

半封闭电感，防电磁干扰良好，在高频电流通过时不会发生异响，散热良好，可以提供大电流。

图3-14　电路中常用的电感器

超薄贴片式铁氧体电感，此电感以锰锌铁氧体、镍锌铁氧体作为封装材料。散热性能、电磁屏蔽性能较好，封装厚度较薄。

全封闭铁素体电感，此电感以四氧化三铁混合物封装，相比陶瓷电感而言具备更好的散热性能和电磁屏蔽性。

超合金电感使用的是集中合金粉末压合而成，具有铁氧体电感和磁圈的优点，可以实现无噪音工作，工作温度较低（35℃）。

图3-14　电路中常用的电感器（续）

3.3.2　认识电感器的符号很重要

维修电路时，通常需要参考电器设备的电路原理图来查找问题，下面我们结合电路图来识别电路图中的电感器。电感器一般用"L"、"PL"等文字符号来表示。表3-3和图3-15分别为常见电感器的电路图形符号与电路图中的电感器的符号。

表3-3　常见电感器电路符号

电感器	电感器	共模电感器	磁环电感器	单层线圈电感

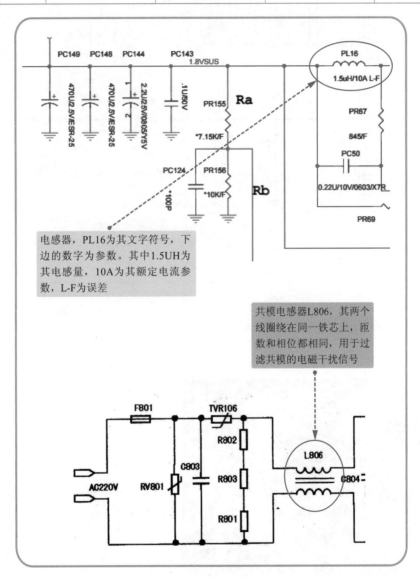

图3-15　电感器的符号

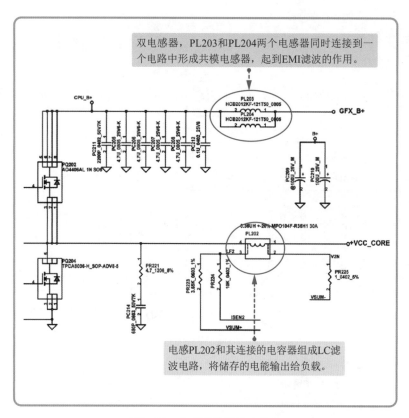

双电感器，PL203和PL204两个电感器同时连接到一个电路中形成共模电感器，起到EMI滤波的作用。

电感PL202和其连接的电容器组成LC滤波电路，将储存的电能输出给负载。

图3-15　电感器的符号（续）

3.3.3　如何读懂电感器的参数

电感器的参数通常会标注在电感器上，电感器的标注读识方法如图3-16所示。

数字符号法是将电感的标称值和偏差值用数字和文字符号法按一定的规律组合标示在电感体上。采用文字符号法表示的电感通常是一些小功率电感，单位通常为nH或pH。用pH做单位时，"R"表示小数点；用"nH"做单位时，"N"表示小数点。

例如，R47表示电感量为0.47 μH，而4R7则表示电感量为4.7 μH；10N表示电感量为10nH。

（a）数字符号法

图3-16　电感器的参数

数码法标注的电感器，前两位数字表示有效数字，第三位数字表示倍乘率，如果有第四位数字，则表示误差值。这类的电感器的电感量的单位一般都是微亨（μH）。例如100，表示电感量为$10*10^0=10μH$

（b）数码标注法

图3-16 电感器的参数（续）

3.3.4 实战检测判断磁环/磁棒电感器的好坏

电路中的磁环/磁棒电感器主要应用在各种供电电路。为了测量准确，测量磁环/磁棒电感器时通常采用开路测量。用指针万用表测量磁环电感器的方法如图3-17所示。

（即扫即看）

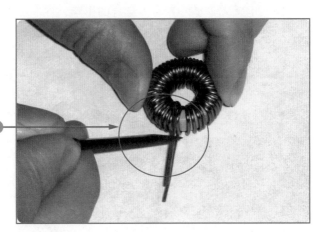

首先观察有无损坏，如无损坏，将待测磁环电感器从电路板上焊下，并清洁电感器的两端引脚，去除两端引脚下的污物，确保测量时的准确性。

1

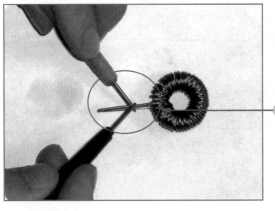

2 使用欧姆档的R×1挡，调零校正，将红、黑表笔分别搭在磁环电感器的两端引脚上测量。

图3-17 测量电路磁环电感器

测得当前电感的阻值接近0。

图3-17　测量电路磁环电感器（续）

结论：由于测量的磁环电感器的阻值接近0，因此可以判断此电感器没有断路故障。

提示：对于电感量较大的电感器，由于起线圈圈数较多，直流电阻相对较大，因此万用表可以测量出一定阻值。

3.3.5　实战检测判断贴片封闭式电感器的好坏

贴片封闭式电感减少了外界对其自身的影响，性能更加稳定。封闭式电感可以使用数字万用表测量，也可以使用指针式万用表进行检测，为了测量准确，可对电感器采用开路测量。由于封闭式电感器结构的特殊性，只能对电感器引脚间的阻值进行检测以判断其是否发生断路。

（即扫即看）

用数字万用表检测电路板中封闭式电感器的方法如图3-18所示。

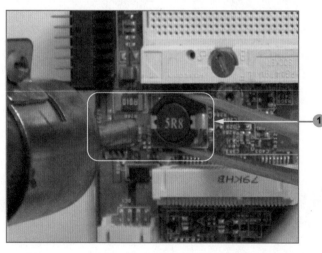

先观察外观是否损坏，如无损坏，可用电烙铁将待测封闭式电感器从电路板上焊下，并清洁封闭式电感器两端的引脚，去除两端引脚上存留的污物，确保测量时的准确性。

图3-18　封闭式电感器检测

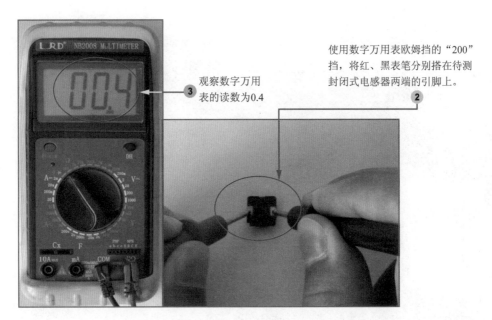

观察数字万用表的读数为0.4 ③

② 使用数字万用表欧姆挡的"200"挡，将红、黑表笔分别搭在待测封闭式电感器两端的引脚上。

图3-18　封闭式电感器检测（续）

结论：由于测得封闭式电感器的阻值非常接近于00.0，因此可以判断该电感器没有断路故障。

3.4　二极管检测实战

二极管又称晶体二极管，它最大的特性就是单向导电，在电路中，电流只能从二极管的正极流入，负极流出。利用二极管单向导电性，可以把方向交替变化的交流电变换成单一方向的脉冲直流电。另外，二极管在正向电压作用下电阻很小，处于导通状态，在反向电压作用下，电阻很大，处于截止状态，如同一只开关。利用二极管的开关特性，可以组成各种逻辑电路（如整流电路、检波电路、稳压电路等）。

3.4.1　常用二极管有哪些

电路中常用的二极管如图3-19所示。

发光二极管的内部结构为一个PN结而且具有晶体管的通性。当发光二极管的PN结上加上正向电压时，会产生发光现象。

图3-19　电路中常用的二极管

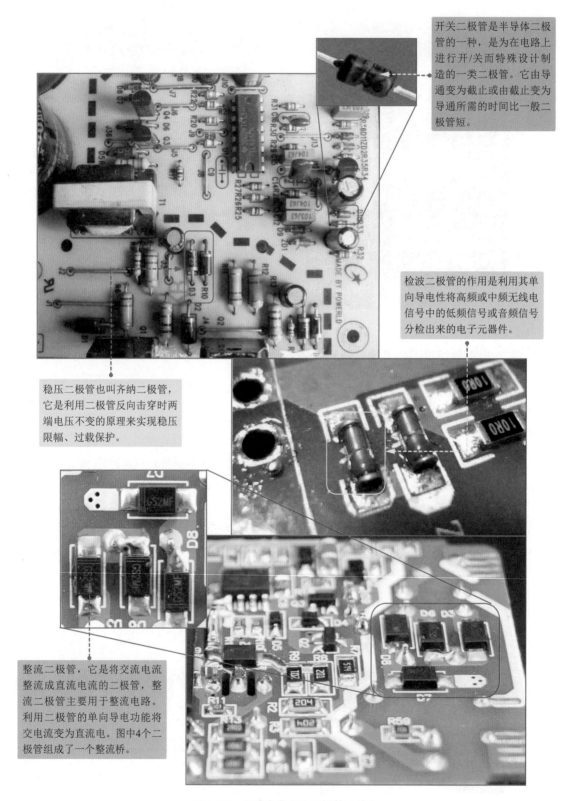

开关二极管是半导体二极管的一种,是为在电路上进行开/关而特殊设计制造的一类二极管。它由导通变为截止或由截止变为导通所需的时间比一般二极管短。

检波二极管的作用是利用其单向导电性将高频或中频无线电信号中的低频信号或音频信号分检出来的电子元器件。

稳压二极管也叫齐纳二极管,它是利用二极管反向击穿时两端电压不变的原理来实现稳压限幅、过载保护。

整流二极管,它是将交流电流整流成直流电流的二极管,整流二极管主要用于整流电路。利用二极管的单向导电功能将交流电变为直流电。图中4个二极管组成了一个整流桥。

图3-19　电路中常用的二极管(续)

3.4.2　认识二极管的符号很重要

维修电路时，通常需要参考电器设备的电路原理图来查找问题，下面我们结合电路图来识别电路图中的二极管。二极管一般用"D"、"VD"、"PD"等文字符号来表示。表3-4和图3-20分别为常见二极管的电路图形符号与电路图中的二极管的符号。

表3-4　常见二极管电路符号

普通二极管	普通二极管	双向抑制二极管	稳压二极管	发光二极管

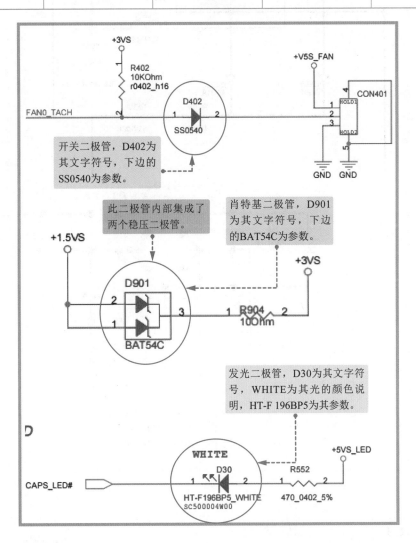

图3-20　电路图中的二极管的符号

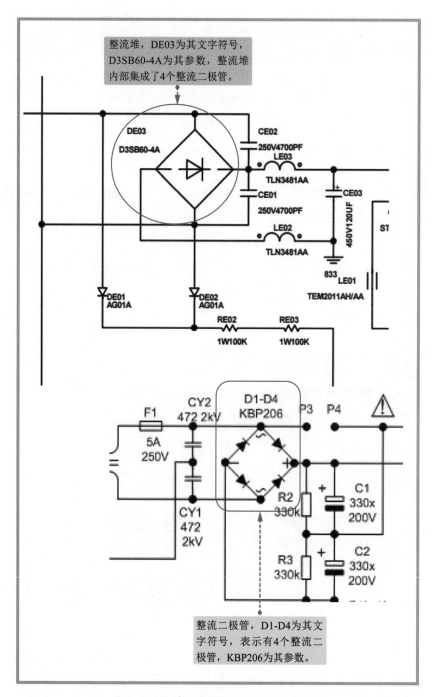

整流堆，DE03为其文字符号，D3SB60-4A为其参数，整流堆内部集成了4个整流二极管。

整流二极管，D1-D4为其文字符号，表示有4个整流二极管，KBP206为其参数。

图3-20 电路图中的二极管的符号（续）

3.4.3 实战检测判断整流二极管的好坏

整流二极管主要用在电源供电电路中，电路板中的整流二极管可以采用开路测量，也可以采用在路测量。

（即扫即看）

整流二极管在路测量的方法如图3-21所示。

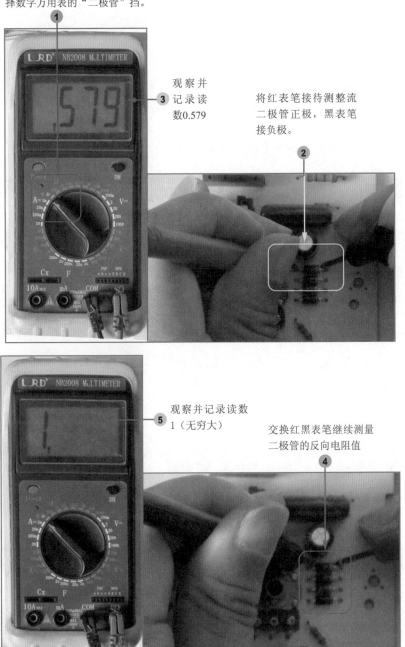

观察外观无损并清洁引脚后，选择数字万用表的"二极管"挡。

①

③ 观察并记录读数0.579

② 将红表笔接待测整流二极管正极，黑表笔接负极。

⑤ 观察并记录读数1（无穷大）

④ 交换红黑表笔继续测量二极管的反向电阻值

图3-21　整流二极管检测

结论：经检测，待测整流二极管正向电阻为固定值，反向电阻为无穷大，因此该整流二极管的功能基本正常。

检测分析：如果待测整流二极管的正向阻值和反向阻值均为无穷大，则二极管很可能有断路故障。如果测得整流二极管正向阻值和反向阻值都接近于0，则二极管已被击穿短路。如果测得整流二极管正向阻值和反向阻值相差不大，则说明二极管已经失去了单向导电性或单向导电性不良。该检测分析也适用于下面要讲的稳压二极管和开关二极管的好坏判定。

3.4.4　实战检测判断稳压二极管的好坏

电路中的稳压二极管多用在供电电路中。电路中的稳压二极管一般采用开路测量，也可以采用在路测量。为了测量准确，通常用指针万用表进行开路测量。

（即扫即看）

开路测量电路中的稳压二极管的方法如图3-22所示。

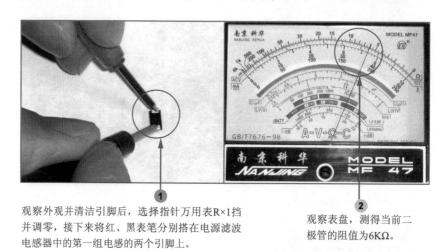

1 观察外观并清洁引脚后，选择指针万用表R×1挡并调零，接下来将红、黑表笔分别搭在电源滤波电感器中的第一组电感的两个引脚上。

2 观察表盘，测得当前二极管的阻值为6KΩ。

图3-22　稳压二极管检测

结论1：由于测量的阻值为一个固定值，因此当前黑表笔（接万用表负极）所检测的一端为二极管的正极，红表笔（接万用表正极）所检测的一端为二极管的负极。如果测量的阻值趋于无穷大，则表明当前接黑表笔一端为二极管的负极，红表笔一端为二极管的正极。

3 将黑表笔接二极管的负极引脚，红表笔接二极管的正极引脚。

4 观察测量结果，发现其反向阻值为无穷大。

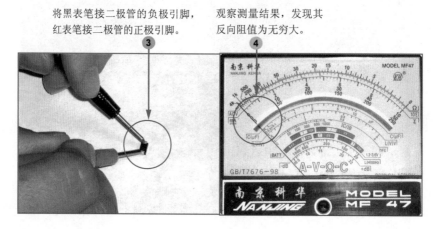

图3-22　稳压二极管检测（续）

结论：由于稳压二极管的正向阻值为一个固定阻值，而反向阻值趋于无穷大，因此可以判断此稳压二极管正常。

3.4.5 实战检测判断开关二极管的好坏

电路中的开关二极管可以采用开路测量，也可以采用在路测量。为了测量准确，通常用指针万用表开路进行测量。

电路中的开关二极管检测方法如图3-23所示。

观察外观无损后用电烙铁将待测开关二极管焊下来，此时需用小镊子夹持着开关二极管以避免被电烙铁传来的热量烫伤，然后进行引脚清洁。

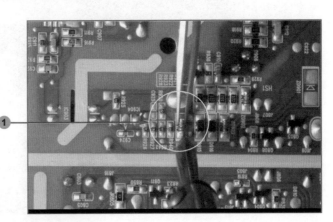

观察读数，为一个固定阻值。

将两表笔分别接待测开关二极管的两极

选择数字万用表的"二极管"挡

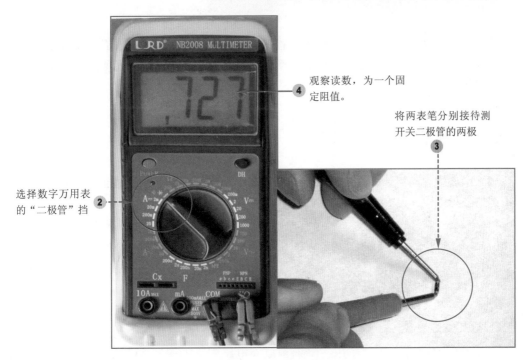

图3-23 开关二极管检测

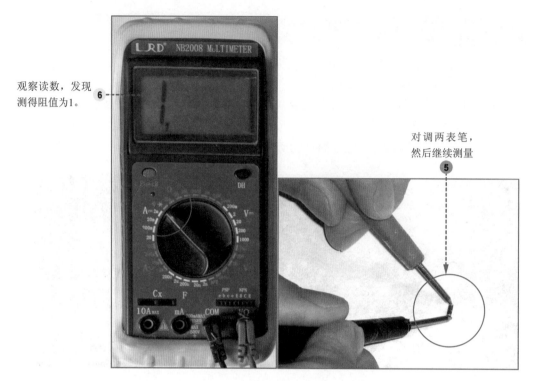

观察读数，发现测得阻值为1。 **6**

对调两表笔，然后继续测量 **5**

图3-23 开关二极管检测（续）

结论：两次检测中出现固定阻值的那一次的接法即为正向接法（红表笔所接为万用表的正极），经检测待测开关二极管正向电阻为一个固定电阻值，反向电阻为无穷大。因此该开关二极管的功能基本正常。

3.5 三极管检测实战

三极管全称应为晶体三极管，是电子电路的核心元件，它是一种控制电流的半导体器件，其作用是把微弱信号放大成幅度值较大的电信号也就是电流放大。

三极管是在一块半导体基片上制作两个相距很近的PN结，两个PN结把整块半导体分成三部分，中间部分是基区，两侧部分是发射区和集电区，排列方式有PNP和NPN两种。

三极管按材料分有两种：锗管和硅管。而每一种又有NPN和PNP两种结构形式，但使用最多的是硅NPN和锗PNP两种三极管。

3.5.1 常用三极管有哪些

三极管在电路中被广泛的使用，特别是放大电路中，如图3-24所示为电路中常用的三极管。

PNP型三极管，由2块P型半导体中间夹着1块N型半导体所组成的三极管，称为PNP型三极管。也可以描述成，电流从发射极E流入的三极管。

开关三极管，它的外形与普通三极管外形相同，它工作于截止区和饱和区，相当于电路的切断和导通。由于它具有完成断路和接通的作用，被广泛应用于各种开关电路中，如常用的开关电源电路、驱动电路、高频振荡电路、模数转换电路、脉冲电路及输出电路等。

贴片三极管基本作用是把微弱的电信号放大到一定强度，当然这种转换必然遵循能量守恒，它只是把电源的能量转换成信号的能量罢了。

图3-24 常用三极管

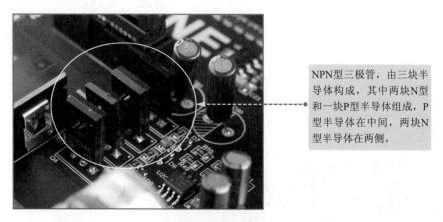

NPN型三极管，由三块半导体构成，其中两块N型和一块P型半导体组成，P型半导体在中间，两块N型半导体在两侧。

图3-24　常用三极管（续）

3.5.2　认识三极管的符号很重要

维修电路时，通常需要参考电器设备的电路原理图来查找问题，下面我们结合电路图来识别电路图中的三极管。三极管一般用"Q"、"V"、"QR""BG""PQ"等文字符号来表示。图3-25和表3-5分别为常见三极管的电路图形符号与电路图中的三极管的符号。

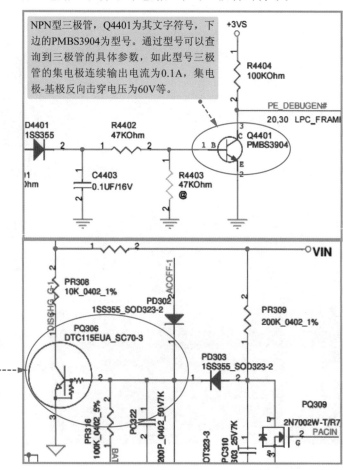

NPN型三极管，Q4401为其文字符号，下边的PMBS3904为型号。通过型号可以查询到三极管的具体参数，如此型号三极管的集电极连续输出电流为0.1A，集电极-基极反向击穿电压为60V等。

NPN型数字晶体三极管，PQ306为其文字符号，下边的DTC115EU-A_SC70-3为型号。数字晶体三极管是带电阻的三极管，此三极管在基极上串联一只电阻，并在基极与发射极之间并联一只电阻。

图3-25　电路图中的三极管的符号

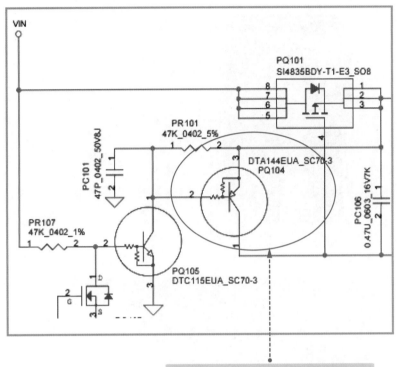

PNP型数字晶体三极管，PQ104为其文字符号，上边的DTA144EUA_SC70-3为型号。其中DTA144EUA为其型号，SC70-3为封装形式。数字晶体三极管是带电阻的三极管,此三极管在基极上串联一只电阻，并在基极与发射极之间并联一只电阻。

图3-25　电路图中的三极管的符号（续）

表3-5　常见三极管电路符号

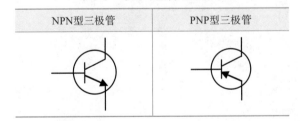

NPN型三极管	PNP型三极管

3.5.3　实战检测判断三极管的极性

目前，大多数指针万用表和数字万用表都有三极管"hFE"测试功能。万用表面板上也有三极管插孔，插孔共有八个，它们按三极管电极的排列顺序排列，每四个一组，共二组，分别对应NPN型和PNP型。判断三极管各引脚极性的方法如图3-26所示。

① 先判断三极管的类型及基极，然后将万用表功能旋钮旋至"hFE"挡。

对比两次测量结果，其中"hFE"值为"153"的插入法中，三极管的电极符合万用表上的排列顺序（值较大的一次），由此确定三极管的集电极和发射极。

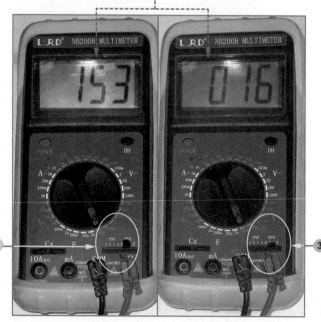

② 接下来将找出的基极（b极）按该三极管的类型插入万用表对应类型的基极插孔，第一种插法读数为153。

③ 换一种插法插入三极管继续测试，第二种插法读数为16。

图3-26 判断三极管的极性

3.5.4 实战检测判断三极管的好坏

为了准确测量，测量电路中的三极管时，一般采用开路测量。电路中的三极管的测量方法如图3-27所示。

（即扫即看）

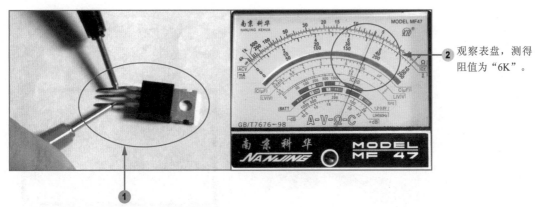

② 观察表盘，测得阻值为"6K"。

① 外观观察无损并清洁后，将指针万用表置于R×1挡，并调整校正，接着将黑表笔接在三极管某一只引脚上不动，红表笔接另外二只引脚中的一只测量。

④ 观察表盘，测得阻值为"6.3K"

③ 接下来黑表笔不动，红表笔接剩下的那只引脚测量。

结论1：由于两次测量的电阻值都比较小，因此可以判断，此三极管为NPN型三极管。且黑表笔接的引脚为三极管的基极B。

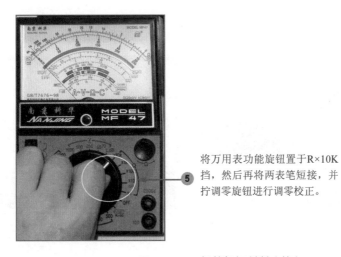

⑤ 将万用表功能旋钮置于R×10K挡，然后再将两表笔短接，并拧调零旋钮进行调零校正。

图3-27　三极管好坏判断（续）

观察表盘，测得
阻值为"170K"

7

再将万用表的红、
黑表笔分别接三极
管基极外的二只引
脚，并用一只手指
将基极与黑表笔相
接触。

6

接下来将红、黑
表笔交换再测一
次。同样用一只
手指将基极与黑
表笔相接触。

8

9

观察表盘，测得阻值为"3000K"。

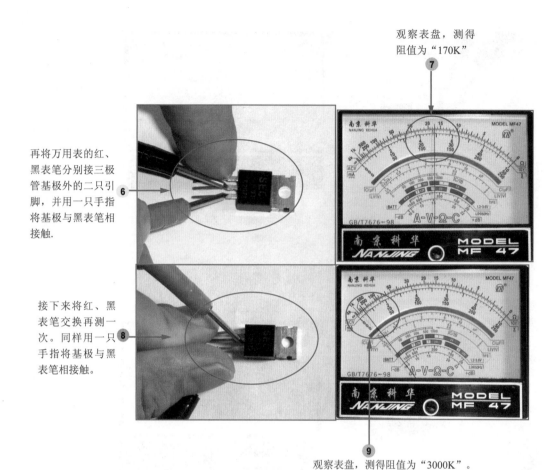

结论2：在两次测量中，指针偏转量最大的一次（阻值为"170K"的一次），黑表笔接的是发射极，红表笔
接的是集电极。

使用R×1挡调零，接着将黑表笔接在三
极管的基极（B）引脚上，红表笔接在
三极管的集电极（C）引脚上。

观察表盘，发现测量的三
极管集电结的反向电阻的
阻值为"6.3K"。

10

11

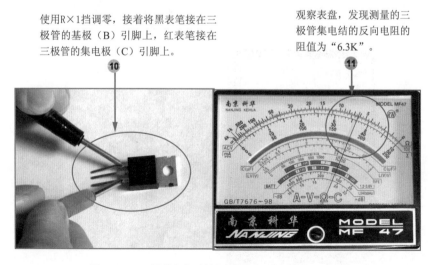

图3-27 三极管好坏判断（续）

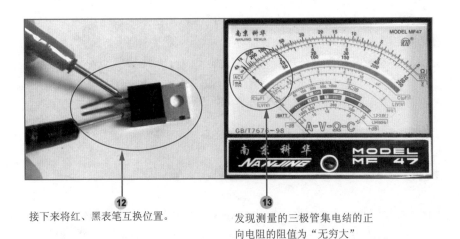

接下来将红、黑表笔互换位置。

发现测量的三极管集电结的正
向电阻的阻值为"无穷大"

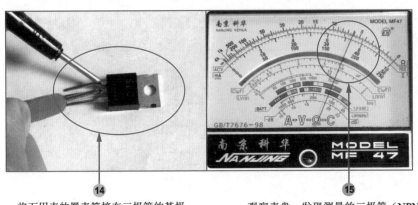

将万用表的黑表笔接在三极管的基极
（B）引脚上，红表笔接在三极管的
发射极（E）的引脚上。

观察表盘，发现测量的三极管（NPN）
发射结反向电阻的阻值为"6.1K"。

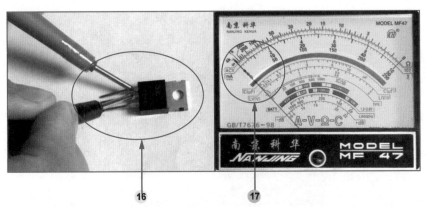

再将万用表的红、黑表笔互换位置。

观察表盘，发现测量的三极管（NPN）
发射结正向电阻的阻值为无穷大。

图3-27　三极管好坏判断（续）

检测分析：如果三极管集电结或发射结的正向电阻为0，则三极管损坏，如果三极管集电结或发射结的反向电阻为无穷大，则三极管损坏。

结论：由于测量的三极管集电结的反向电阻的阻值为"6.3K"，远小于集电结正向电阻的阻值无穷大。另外，三极管发射结的反向电阻的阻值为"6.1K"，远小于发射结正向电阻的阻值无穷大。且发射结正向电阻与集电结正向电阻的阻值基本相等，因此可以判断该NPN型三极管正常。

3.6　晶闸管（可控硅）检测实战

晶闸管也称为可控硅整流器，俗称可控硅，晶闸管是由PNPN四层半导体结构组成，分为三个极：阳极（用A表示），阴极（用K表示）和控制极（用G表示）；晶闸管能在高电压、大电流条件下正常工作，且其工作过程可以控制，被广泛应用于可控整流、无触点电子开关、交流调压、逆变及变频等电子电路中，是典型的小电流控制大电流的设备。如图3-28所示为晶闸管的结构。

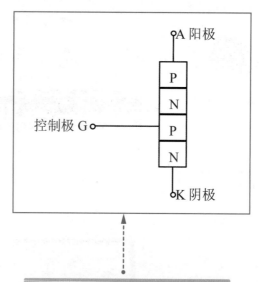

如果仅是在阳极和阴极间加电压，无论是采取正接还是反接，晶闸管都是无法导通的。因为晶闸管中至少有一个PN结总是处于反向偏置状态。如果采取正接法，即在晶闸管阳极接正电压，阴极接负电压，同时在控制极再加相对于阴极而言的正向电压（足以使晶闸管内部的反向偏置PN结导通），晶闸管就导通了（PN结导通后就不再受极性限制）。而且一旦导通，在撤去控制极电压后，晶闸管仍可保持导通的状态。如果此时想使导通的晶闸管截止，只有使其电流降到某个值以下或将阳极与阴极间的电压减小到零。

图3-28　晶闸管的结构原理

3.6.1　常用的晶闸管有哪些

电路中常用的晶闸管如图3-29所示。

单向晶闸管（SCR）被广泛应用于可控整流、逆变器、交流调压和开关电源等电路中。在单向晶闸管阳极（用A表示），阴极（用K表示）在两端加上正向电压，同时给控制极（用G表示）加上合适的触发电压，晶闸管便会被导通。

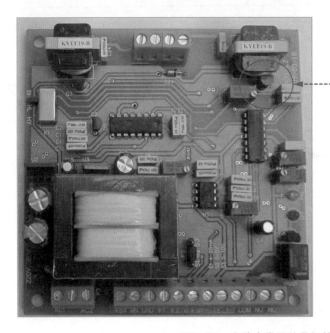

双向晶闸管是由5层（N-P-N-P-N）半导体组成的，相当于两个反向并联的单向晶闸管。又被称为双向可控硅。双向晶闸管有三个电极，它们分别为第一电极T1、第二电极T2和控制极G。无论是第一电极T1还是第二电极T2间加上正向电压，只要控制极G加上与T1相反的触发电压双向晶闸管就可被导通。与单向晶闸管不同的是双向晶闸管能够控制交流电负载。

图3-29　电路中常用的晶闸管

3.6.2　认识晶闸管的符号很重要

晶闸管是电子电路中一般用字母"K"、"VS"加数字表示。在电路图中晶闸管的图形符号如图3-30所示。

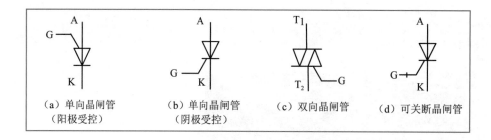

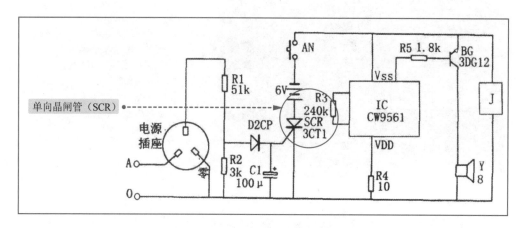

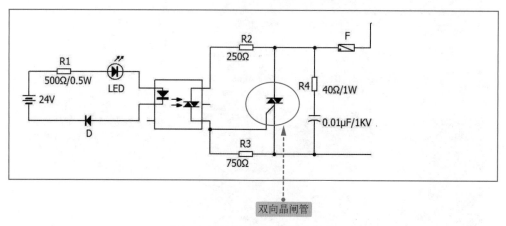

图3-30　晶闸管的电路图形符号

3.6.3　实战检测判断单向晶闸管的好坏

为了保证测量准确，一般采用开路方式检测，单向晶闸管的开路检测如图3-31所示。

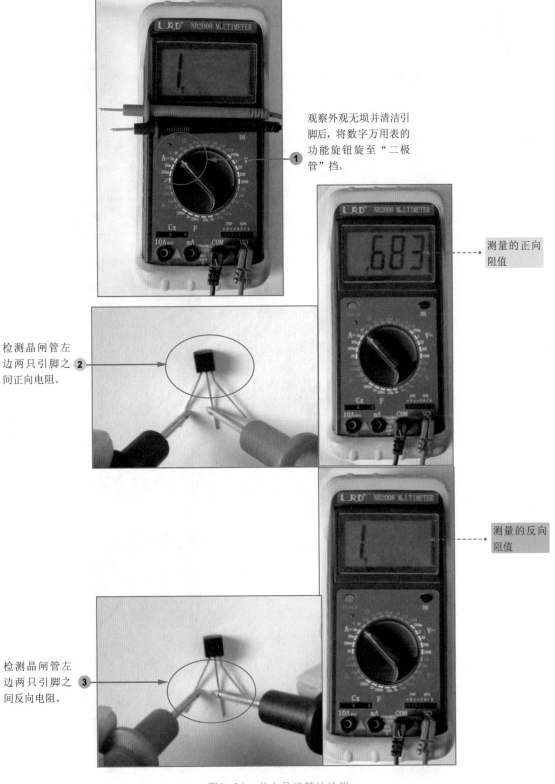

观察外观无损并清洁引脚后，将数字万用表的功能旋钮旋至"二极管"挡。 ①

测量的正向阻值

检测晶闸管左边两只引脚之间正向电阻。 ②

测量的反向阻值

检测晶闸管左边两只引脚之间反向电阻。 ③

图3-31　单向晶闸管的检测

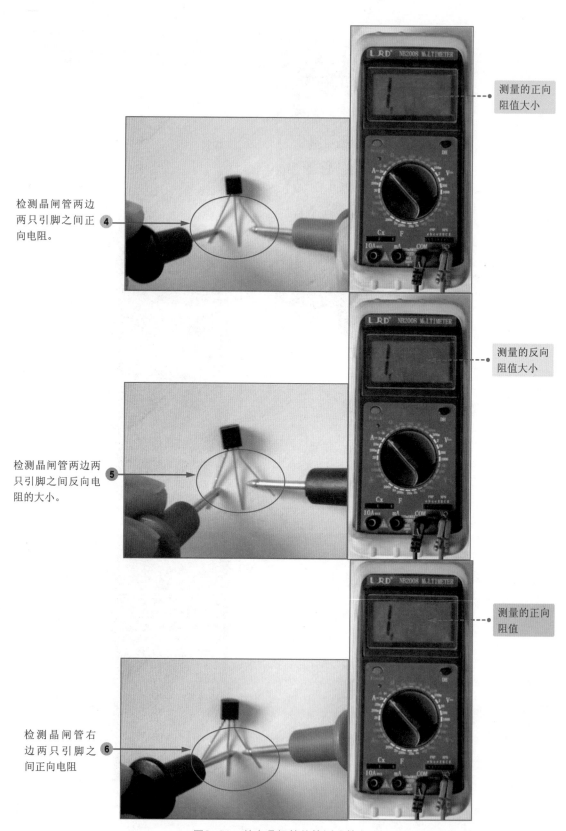

检测晶闸管两边两只引脚之间正向电阻。 ④

测量的正向阻值大小

检测晶闸管两边两只引脚之间反向电阻的大小。 ⑤

测量的反向阻值大小

检测晶闸管右边两只引脚之间正向电阻 ⑥

测量的正向阻值

图3-31 单向晶闸管的检测（续）

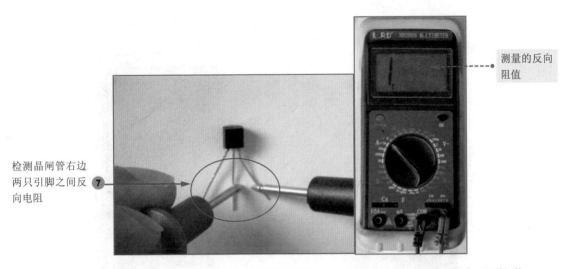

检测晶闸管右边
两只引脚之间反
向电阻 **7**

测量的反向
阻值

结论1：经检测只有当黑表笔接左侧引脚，红表笔接中间引脚时时，才能测出有一个较小阻值，因此可知晶闸管
绝缘性良好，且晶闸管的左侧阴极K，中间为控制极G，右侧为阳极A。

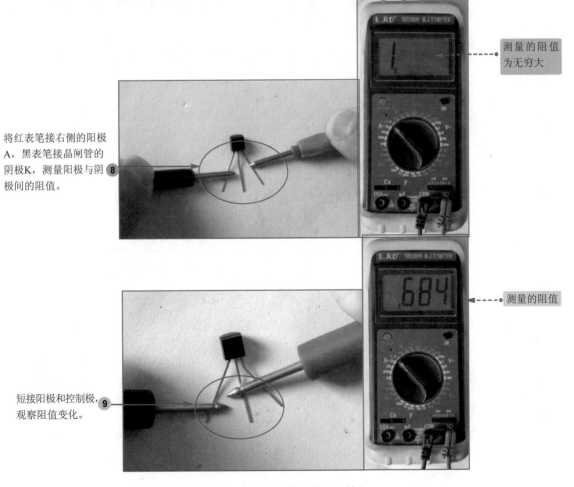

将红表笔接右侧的阳极
A，黑表笔接晶闸管的
阴极K，测量阳极与阴
极间的阻值。 **8**

测量的阻值
为无穷大

短接阳极和控制极,
观察阻值变化。 **9**

测量的阻值

图3-31　单向晶闸管的检测（续）

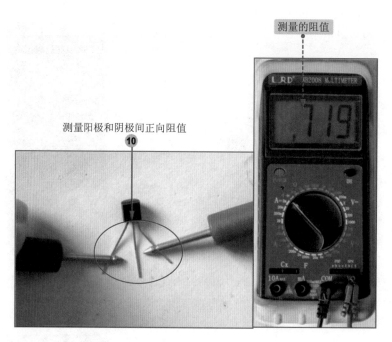

测量的阻值

测量阳极和阴极间正向阻值

图3-31 单向晶闸管的检测（续）

结论：经检测将控制极与阳极短接后即使断开控制极仍可测得阳极与阴极之间有一个小阻值，证明晶闸管的触发正常。

3.7 **场效应管检测实战**

场效应晶体管简称场效应管，是一种用电压控制电流大小的电子元器件，是利用控制输入回路的电场效应来控制输出回路电流的一种半导体器件，且带有PN结。

提示：场效应管和三极管都能实现信号的控制和放大，二者在电气图上也非常相似，但是它们本质的区别在于：三极管是电流控制的元器件，而场效应管是电压控制的元器件，场效应管比较适合应用于环境条件变化大的场合中，常用作前置放大器，提高设备的输入阻抗，降低噪声，但是比三极管的放大能力弱。

3.7.1 常用的场效应管有哪些

目前场效应管的品种很多，但可划分为两大类，一类是结型场效应管（JFET），另一类是绝缘栅型场效应管（MOS管）两大类。按沟道材料，结型和绝缘栅型各分为N沟道和P沟道两种；按导电方式分为耗尽型与增强型，结型场效应管均为耗尽型，绝缘栅型场效应管既有耗尽型的，也有增强型的。如图3-32所示。

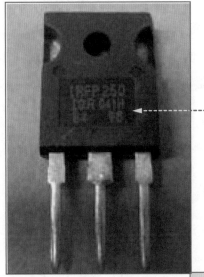

结型场效应管是在一块N型（或P型）半导体棒两侧各做一个P型区（或N型区），就形成两个PN结。把两个P区（或N区）并联在一起，引出一个电极，称为栅极（G），在N型（或P型）半导体棒的两端各引出一个电极，分别称为源极（S）和漏极（D）。夹在两个PN结中间的N区（或P区）是电流的通道，称为沟道。这种结构的场效应管称为N沟道（或P沟道）结型场效应管。

绝缘栅型场效应管是以一块P型薄硅片作为衬底，在它上面做两个高杂质的N型区，分别作为源极S和漏极D。在硅片表覆盖一层绝缘物，然后再用金属铝引出一个电极G（栅极），这就是绝缘栅场效应管的基本结构。

图3-32　场效应管种类

3.7.2　认识场效应管的符号很重要

维修电路时，通常需要参考电器设备的电路原理图来查找问题，下面我们结合电路图来识别电路图中的场效应管。场效应管一般用"Q"、"U""PQ"等文字符号来表示。表3-6和图3-33分别为常见场效应管的电路图形符号与电路图中的场效应管符号。

表3-6　常见场效应管电路符号

增强型N沟道管	耗尽型N沟道管	增强型P沟道管	耗尽型P沟道管

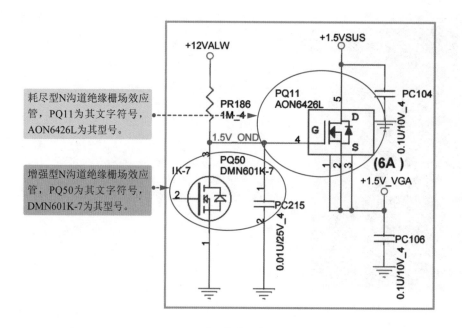

耗尽型N沟道绝缘栅场效应管，PQ11为其文字符号，AON6426L为其型号。

增强型N沟道绝缘栅场效应管，PQ50为其文字符号，DMN601K-7为其型号。

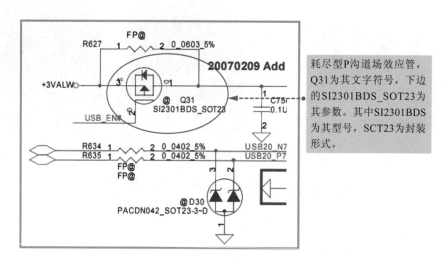

耗尽型P沟道场效应管，Q31为其文字符号，下边的SI2301BDS_SOT23为其参数。其中SI2301BDS为其型号，SCT23为封装形式。

图3-33　电路图中的场效应管

3.7.3　判别场效应管极性的方法

根据场效应管的PN结正、反向电阻值不一样的特性，可以判别出结型场效应管的三个电极。

用指针万用表判别场效应管的极性的方法如图3-34所示。

首先将指针万用表拨在R×1k档上，将黑表笔（红表笔也行）任意接触一个电极，另一只表笔依次去接触其余的两个电极，测其电阻值。①

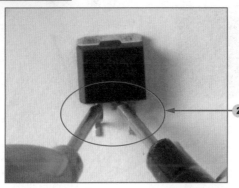

当出现两次测得的电阻值近似或相等时，则黑表笔所接触的电极为栅极G，其余两电极分别为漏极D和源极S。如果没有出现两次测得的电阻值近似或相等，则将黑表笔接到另一个电极，重新测量。②

接着将两只表笔分别接在漏极D和源极S的引脚上，测量其电阻值。之后，再调换表笔测量其电阻值。在两次测量中，电阻值较小的一次（一般为几千欧至十几千欧）测量中，黑表笔接的是源极S，红表笔接的是漏极D。③

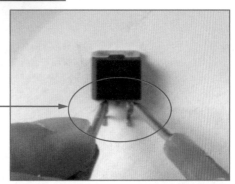

图3-34　判别场效应管极性的方法

3.7.4　实战检测判断场效应管的好坏

为了保证测量准确性，一般选择开路测量，使用数字万用表测量电路中的场效应管，以判定其好坏的方法如图3-35所示。

（即扫即看）

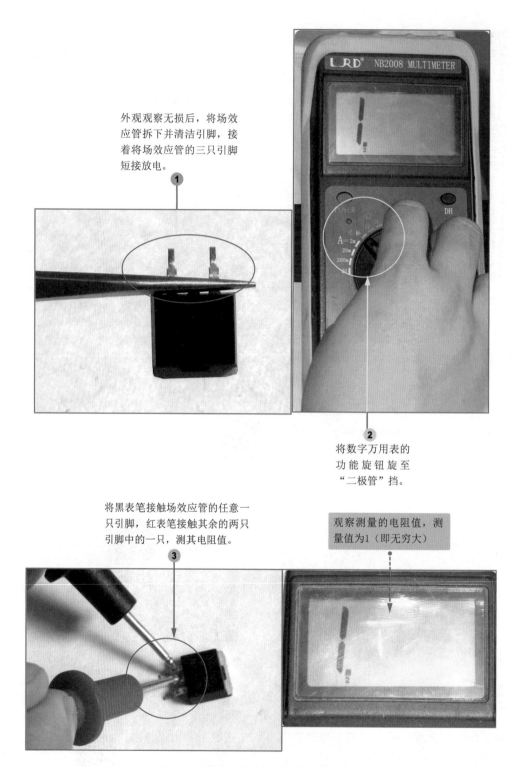

外观观察无损后，将场效应管拆下并清洁引脚，接着将场效应管的三只引脚短接放电。

1

将数字万用表的功能旋钮旋至"二极管"挡。

2

将黑表笔接触场效应管的任意一只引脚，红表笔接触其余的两只引脚中的一只，测其电阻值。

3

观察测量的电阻值，测量值为1（即无穷大）

图3-35　数字万用表测量场效应管的方法

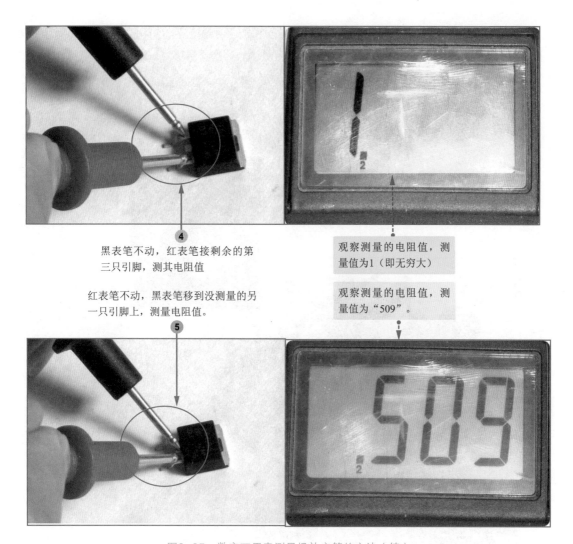

黑表笔不动，红表笔接剩余的第三只引脚，测其电阻值

④

红表笔不动，黑表笔移到没测量的另一只引脚上，测量电阻值。

⑤

观察测量的电阻值，测量值为1（即无穷大）

观察测量的电阻值，测量值为"509"。

图3-35 数字万用表测量场效应管的方法（续）

测量结论：由于三次测量的阻值中，有两组电阻值为无穷大，另一组电阻值在300~800之间，因此可以判断此场效应管正常。

提示：如果其中有一组数据为0，则场效应管被击穿。

3.8 变压器检测实战

变压器（Transformer）是利用电磁感应的原理来改变交流电压的装置，它可以把一种电压的交流电转换成相同频率的另一种电压的交流电，变压器主要由初级线圈、次级线圈和铁芯（磁芯）组成。生活中变压器无处不在，大到工业用电、生活用电等的电力设备，小到手机、各种家电、电脑等的供电电源都会用到变压器。

3.8.1 常用变压器有哪些

变压器是电路中常见的电子元器件之一，在电源电路中被广泛的使用，如图3-36所示为电路中的变压器。

电源变压器是小型电器设备的电源中常用的元件之一，它可以实现功率传送、电压变换和绝缘隔离。当交流电流流于其中一组线圈时，另一组线圈中将感应出具有相同频率的交流电压。

升压变压器，它是用来把低数值的交变电压变换为同频率高数值交变电压的变压器。其在高频领域应用较广，如逆变电源等。

图3-36　电路中的变压器

音频变压器是工作在音频范围的变压器，又称低频变压器。工作频率范围一般从10～20000Hz。音频变压器可以像电源变压器那样实现电压器转换，也可以实现音频信号耦合。

图3-36　电路中的变压器（续）

3.8.2　认识变压器的符号很重要

维修电路时，通常需要参考电器设备的电路原理图来查找问题，下面我们结合电路图来识别电路图中的变压器。变压器一般用"T""TR"等文字符号来表示。表3-7和图3-37分别为常见变压器的电路图形符号与电路图中的变压器符号。

表3-6　常见变压器电路符号

单二次绕组变压器	多次绕组变压器	二次绕组带中心轴头变压器

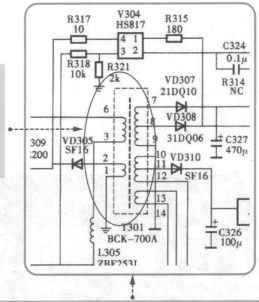

变压器中间的虚线表示变压器初级线圈和次级线圈之间设有屏蔽层。变压器的初级有两组线圈可以输入两种交流电压，次级有3组线圈，并且其中两组线圈中间还有抽头，可以输出5种电压。

多次绕组变压器，T301为其文字符号，下边的BCK-700A为型号。

变压器的初级线圈有两组线圈，可以输入两种交流电压，次级线圈有一组线圈，输出一组电压。

电源变压器，T1为其文字符号，TRANS66为其型号。实线表示变压器中心带铁芯。

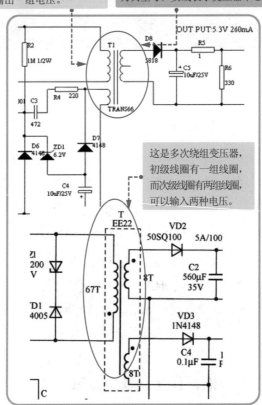

这是多次绕组变压器，初级线圈有一组线圈，而次级线圈有两组线圈，可以输入两种电压。

图3-37　电路图中的变压器

3.8.3 检测变压器好坏的方法

检测判别变压器的好坏，可以通过检测变压器线圈通断和测量变压器绝缘性来判断，如图3-38所示。

绝缘性测试是判断变压器好坏的一种好方法。将指针万用表的挡位调到R×10k挡。然后分别测量铁芯与初级、初级与各次级、铁芯与各次级、静电屏蔽层与初次级、次级各绕组间的电阻值。如果万用表指针均指在无穷大位置不动，说明变压器正常。否则，说明变压器绝缘性能不良。

如果变压器内部线圈发生断路，变压器就会损坏。检测时，将指针万用表调到R×1挡进行测试。如果测量某个绕组的电阻值为无穷大，则说明此绕组有断路性故障。

图3-38 检测变压器好坏的方法

3.9 集成稳压器检测实战

集成稳压器又叫集成稳压电路，是一种将不稳定直流电压转换成稳定的直流电压的集成电路。集成稳压器一般分为多端式（稳压器的外引线数目超过三个）和三端式（稳压器的外引线数目为三个）两类。如图3-39所示为电路中常见的集成稳压器。

三端式稳压器   多端式稳压器

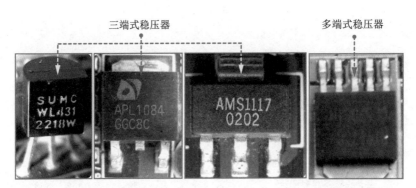

图3-39　集成稳压器

3.9.1　常用稳压器有哪些

　　电路中常用的集成稳压器主要有78XX系列、79XX系列、可调集成稳压器、精密电压基准集成稳压器等。如图3-40所示。

78XX系列集成稳压器是常用的固定正输出电压的集成稳压器；其中，"XX"表示固定电压输出的数值。如：7805，对应的输出电压是+5V。

78XX系列集成稳压器最大输出电流为1.5A；其三个引脚中，1脚为输入端（INPUT），2脚为接地端（GND），3脚为输出端（OUTPUT）。

可调集成稳压器是指稳压器的输出电压可以根据电路需要调整输出电压，一般可调集成稳压器的输出电压在一定范围。如LM317可调稳压器的输出电压为1.25V～40V。电路中常见的可调稳压器主要有LM117、LM317、LM337、L1084、LM1117等。

集成稳压的三个引脚分别为：1脚为调节端（ADJ），2脚为输出端（OUTPUT），3脚为输入端（INPUT）。

图3-40　常用稳压器

79XX系列集成压器是常用的固定负输出电压的三端集成稳压器，其输入电压和输出电压均为负值，其三个引脚分别为：1脚为接地端（GND），2脚为输入端（INPUT），3脚为输出端（OUTPUT）。

电路中常用的精密电压基准集成稳压器主要有TL431、WL431、KA431、μA431、LM431等。
其中，TL431的输出电压为2.5~36V，可以用它代替齐纳二极管。
TL431有三个引出脚，分别为阴极（CATHODE）、阳极（ANODE）和参考端（REF），用K、R、A表示

图3-40　常用稳压器（续）

3.9.2　认识集成稳压器的符号很重要

在电路图中集成稳压器常用字母"Q"表示，电路图形符号如图3-41所示，其中（a）为多端式，（b）为三端式。图3-42为电路图中的稳压器。

<table>
<tr><td>U₁ ⊏⊐ U₀
（a）多端式</td><td>U₁ ⊏⊐ U₀
（b）三端式</td></tr>
</table>

图3-41　稳压器的电路图形符号

U1为文字符号，7809为型号，1,2,3为三个引脚标号

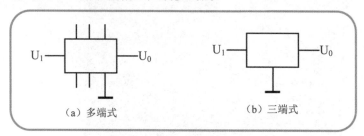

U2为文字符号，7909为型号，1,2,3为三个引脚标号

IC为文字符号，TL431为型号，A,C,R为三个引脚标号

图3-42　电路图中的稳压器

3.9.3 实战检测判断稳压器的好坏

使用在路测电压的方法检测集成稳压器是常用的方法，具体检测方法如图3-43所示。

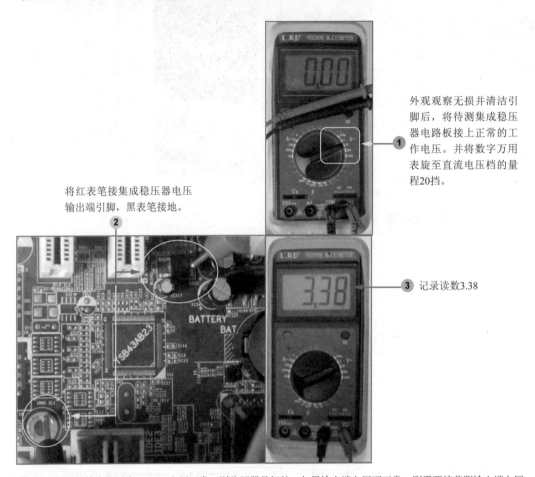

将红表笔接集成稳压器电压输出端引脚，黑表笔接地。

外观观察无损并清洁引脚后，将待测集成稳压器电路板接上正常的工作电压。并将数字万用表旋至直流电压档的量程20挡。

③ 记录读数3.38

结论1：测量的输出电压为3.38V，电压正常，则稳压器是好的；如果输出端电压不正常，则需要接着测输入端电压。

图3-43 检测集成稳压器

测量输入端电压时，将数字万用表的红表笔接住集成稳压器的输入端，黑表笔接地。

检测分析：正常情况下，输入端的电压应为5V左右。如果输入端电压正常，输出端电压不正常，则稳压器或稳压器周边的元器件可能有问题。接着检查稳压器周边的元器件，如果周边元器件正常，则稳压器有问题，需更换稳压器。

3.10 继电器检测实战

继电器是自动控制中常用的一种电子元器件，它是利用电磁原理、机电或其他方法实现接通或断开一个或一组接点的自动开关，以完成对电路的控制功能。继电器是在自动控制电路中起控制与隔离作用的执行部件，它实际上是一种可以用低电压、小电流来控制大电流、高电压的自动开关。

3.10.1　常用的继电器有哪些

继电器的分类方法较多，其中常用继电器主要有：电磁继电器、固态继电器、热继电器、时间继电器等。

下面介绍一些常用的继电器。如图3-44所示。

电磁继电器由控制电流通过线圈所产生的电磁吸力驱动磁路中的可动部分而实现触点开、闭或转换功能的继电器。电磁继电器主要包括直流电磁继电器、交流电磁继电器和磁保持继电器三种。

固态继电器是一种能够象电磁继电器那样执行开、闭线路的功能，且其输入和输出的绝缘程度与电磁继电器相当的全固态器件。

利用热效应而动作的继电器为热继电器。热继电器又包括温度继电器和电热式继电器。其中，当外界温度达到规定要求时而动作的继电器为温度继电器；而利用控制电路内的电能转变成热能，当达到规定要求时而动作的继电器。

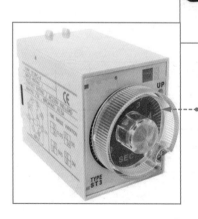

当加上或除去输入信号时，输出部分需延时或限时到规定的时间才闭合或断开其被控线路的继电器为时间继电器。时间继电器的作用是作延时元件，通常它按预定的时间接通或分断电路。在自动程序控制系统中起时间控制作用。

图3-44　常用的继电器

3.10.2 认识继电器的符号很重要

继电器在电路中常用字母"J""K""KT"加数字来表示，而不同继电器在电路中有不同的图形符号，如图3-45所示为继电器的图形符号。

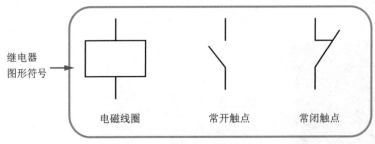

继电器
图形符号

电磁线圈　　　　常开触点　　　　常闭触点

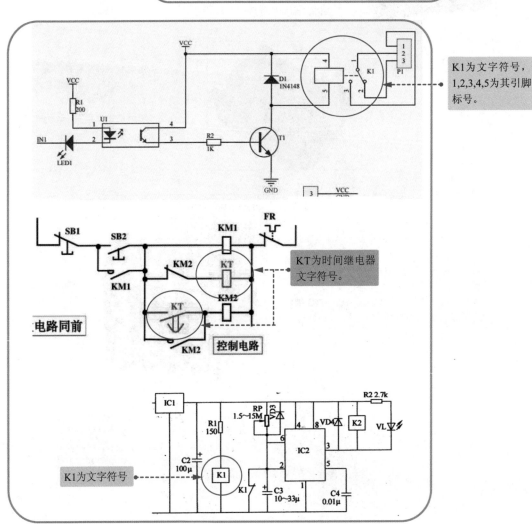

图3-45　继电器的图形符号

3.10.3 实战检测判断继电器的好坏

继电器一般采用开路测量，下面以固态继电器为例，讲述使用指针万用表测量继电器的方法如图3-46所示。

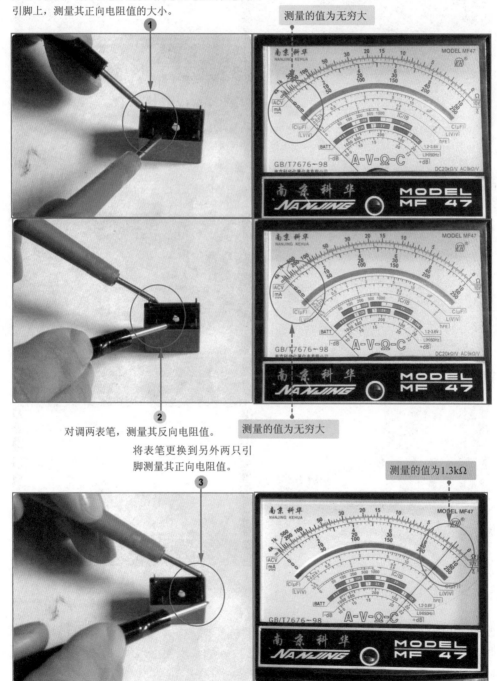

外观观察无损并清洁引脚，将万用表的挡位置于R×1挡，并调零校正；将两表笔分别接到固态继电器的任意两只引脚上，测量其正向电阻值的大小。

测量的值为无穷大

对调两表笔，测量其反向电阻值。

测量的值为无穷大

将表笔更换到另外两只引脚测量其正向电阻值。

测量的值为1.3kΩ

图3-46 测量继电器

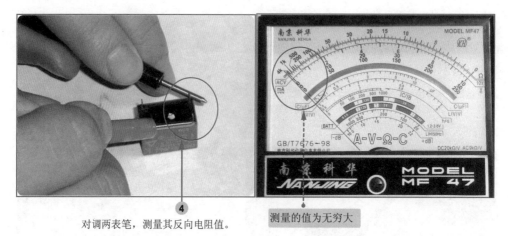

④

对调两表笔，测量其反向电阻值。

测量的值为无穷大

结论1：由于测量引脚的正向电阻为一个固定值，而反向电阻为无穷大。因此可以判断，此时测量的两只引脚即为输入端。黑表笔所接就为输入端的正极，红表笔所接就为输入端的负极。

将红黑表笔分别接在继电器的输出端引脚，测量其正向电阻值。

测量的值为无穷大

⑤

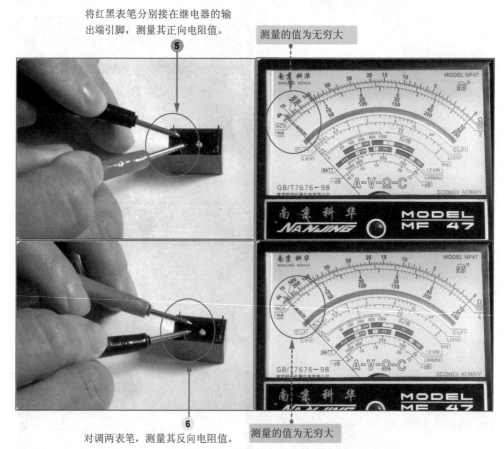

⑥

对调两表笔，测量其反向电阻值。

测量的值为无穷大

图3-46 测量继电器（续）

　　结论：由于继电器的输入端正向电阻为一个固定值，反向电阻为无穷大。而输出端的正反向电阻均为无穷大，因此可以判断此继电器正常。如果反向电阻为0，则继电器线圈短路损坏；如果输出端阻值为0，这说明继电器触点有短路损坏。

第 4 章

空调器安装 / 移机 / 加冷媒
操作实战

在空调器日常服务中，空调安装、空调移机、添加冷媒等是服务频率较高的项目。由于空调器结构比较复杂，服务中操作不当就会造成运行故障或冷媒泄漏，因此在从事空调器维护的工作前，需要先掌握空调器的安装、移机、添加冷媒等基本操作方法。

4.1　空调器的安装操作实战

　　空调器安装在空调器所有服务中可以说是最重要的一个环节，行业内一句行话："三分制造，七分安装。"因为空调器在出厂后只是一个半成品，只有在安装完成后，经过试用合格才能算是一个成品，空调器内部不但有电路，还有电动机、高压气体、连接内外机高压气体的管道、排水管道等。而空调器内外机的安装、固定，电路、排水管、冷媒管道的连接，都需要现场操作才能完成，有时因为安装位置的限制，不得不加长连接内外机氟利昂的管道，这就更涉及到现场焊制铜管的工艺。因此，以上一切都决定了空调器对安装的严格性，否则会为空调器的后续使用留下极大的隐患，极有可能在今后的使用过程中运行不正常。

4.1.1　准备空调器安装工具

　　安装空调器时，一般会用到水平尺、活口扳手、螺丝刀、钳子、卷尺、刀、扩口工具、弯管工具、裁剪工具、电钻和钻孔机等工具，有时还会用到真空泵及压力表等工具。如图4-1所示。

图4-1　安装工具

4.1.2 空调器安装流程

由于现在使用最多的空调器是分体式空调器，下面就以分体式空调器为例讲解空调器的安装流程。如图4-2所示为空调器安装流程。

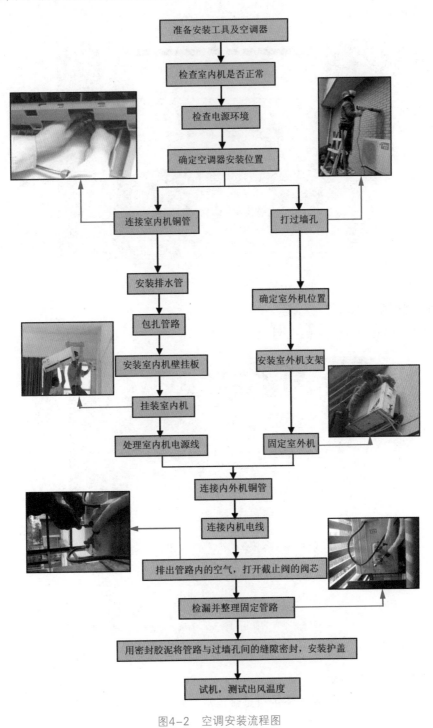

图4-2 空调安装流程图

4.1.3 安装前的准备工作

1. 检查空调器附件是否齐全

空调器的附件主要有挂壁板、遥控器、电缆、排水管、铜管、保温管、螺丝钉、说明书、保修卡等。如图4-3所示。

图4-3 空调器的附件

2. 确定空调器安装位置

空调器安装位置的选择原则如图4-4所示。

（1）尽量安装在高处。
（2）选择尽可能有更好空气循环的位置。
（3）安装在床的左边或右边。
（4）不能安装在床头正上方。
（5）不安装在正对睡床的位置。
（6）不安装在正对卧室门的位置。

图4-4 确定安装位置

3. 检查室内机是否正常

在安装室内机之前，首先检查室内机是否正常，如图4-5所示。

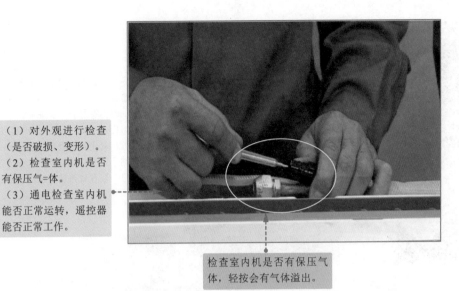

（1）对外观进行检查（是否破损、变形）。
（2）检查室内机是否有保压气=体。
（3）通电检查室内机能否正常运转，遥控器能否正常工作。

检查室内机是否有保压气体，轻按会有气体溢出。

图4-5　空气开关

4.1.4　安装室内机

安装室内机的方法如图4-6所示。

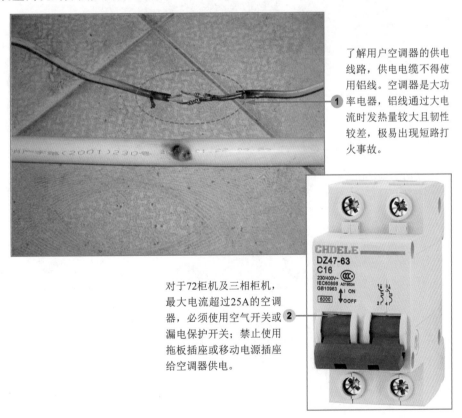

1　了解用户空调器的供电线路，供电电缆不得使用铝线。空调器是大功率电器，铝线通过大电流时发热量较大且韧性较差，极易出现短路打火事故。

2　对于72柜机及三相柜机，最大电流超过25A的空调器，必须使用空气开关或漏电保护开关；禁止使用拖板插座或移动电源插座给空调器供电。

图4-6　安装室内机

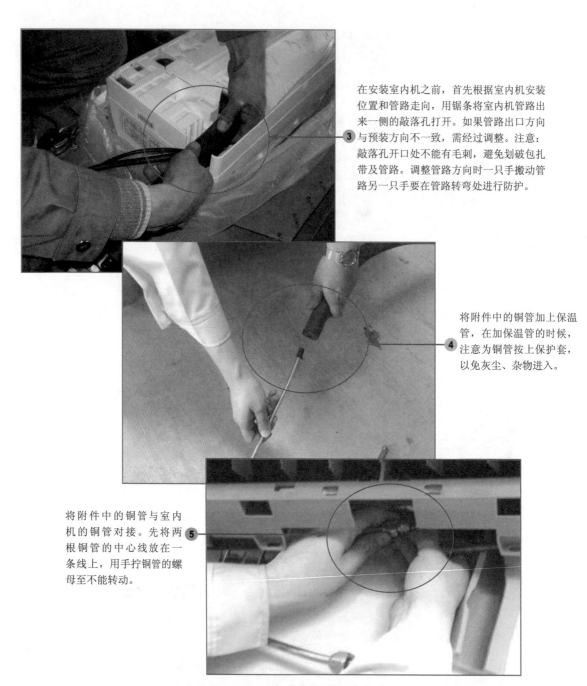

③ 在安装室内机之前，首先根据室内机安装位置和管路走向，用锯条将室内机管路出来一侧的敲落孔打开。如果管路出口方向与预装方向不一致，需经过调整。注意：敲落孔开口处不能有毛刺，避免划破包扎带及管路。调整管路方向时一只手搬动管路另一只手要在管路转弯处进行防护。

④ 将附件中的铜管加上保温管，在加保温管的时候，注意为铜管按上保护套，以免灰尘、杂物进入。

⑤ 将附件中的铜管与室内机的铜管对接。先将两根铜管的中心线放在一条线上，用手拧铜管的螺母至不能转动。

图4-6　安装空调室内机（续）

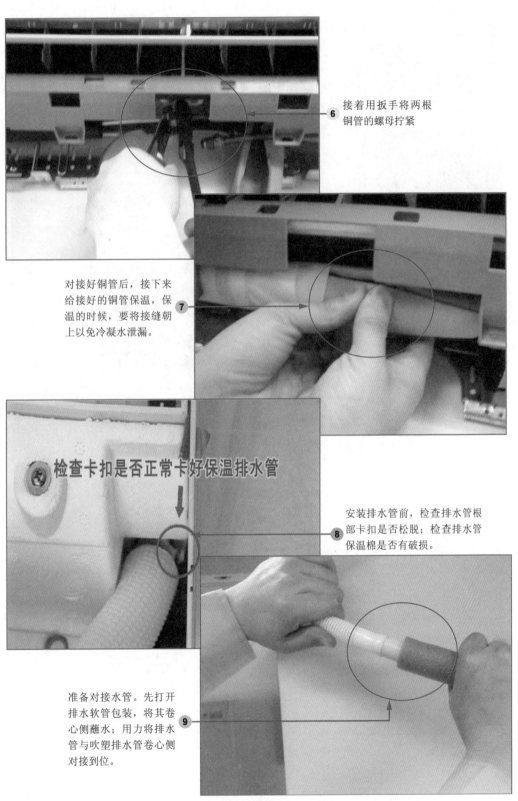

6 接着用扳手将两根铜管的螺母拧紧

7 对接好铜管后，接下来给接好的铜管保温，保温的时候，要将接缝朝上以免冷凝水泄漏。

检查卡扣是否正常卡好保温排水管

8 安装排水管前，检查排水管根部卡扣是否松脱；检查排水管保温棉是否有破损。

9 准备对接水管。先打开排水软管包装，将其卷心侧蘸水；用力将排水管与吹塑排水管卷心侧对接到位。

图4-6　安装空调室内机（续）

10 包扎水管接头。先从吹塑排水管端绕起，扎到保温管后再反扎回吹塑排水管侧。注意：排水管和吹塑排水管必须对接到位且要使用胶带缠绕两次以上。

包扎排水管。在包扎排水管时，注意吹塑排水管在室内部分要增加隔热保温材料；被撕开的保温棉缝口一定要朝向机顶方向。**11**

包扎管路。首先确定包扎方向，包扎时要求力度均匀，绕叠宽度为包扎带的1/3为宜；同时不可过紧，以紧绷而富有弹性为准。在包扎过程中一定要保证水管不能出现扭曲凸起、缠绕情况。**12**

若出现排水管扭曲凸起，需要拆了重新包扎。

图4-6 安装空调室内机（续）

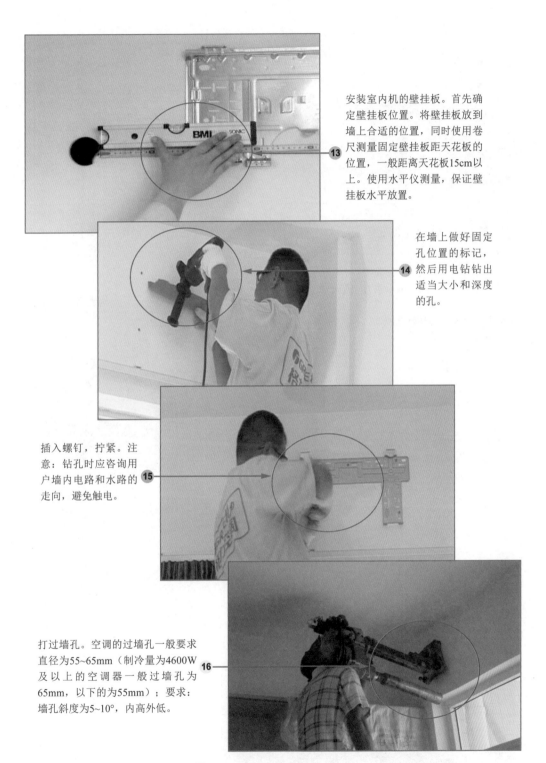

安装室内机的壁挂板。首先确定壁挂板位置。将壁挂板放到墙上合适的位置，同时使用卷尺测量固定壁挂板距天花板的位置，一般距离天花板15cm以上。使用水平仪测量，保证壁挂板水平放置。

在墙上做好固定孔位置的标记，然后用电钻钻出适当大小和深度的孔。

插入螺钉，拧紧。注意：钻孔时应咨询用户墙内电路和水路的走向，避免触电。

打过墙孔。空调的过墙孔一般要求直径为55~65mm（制冷量为4600W及以上的空调器一般过墙孔为65mm，以下的为55mm）；要求：墙孔斜度为5~10°，内高外低。

图4-6　安装空调室内机（续）

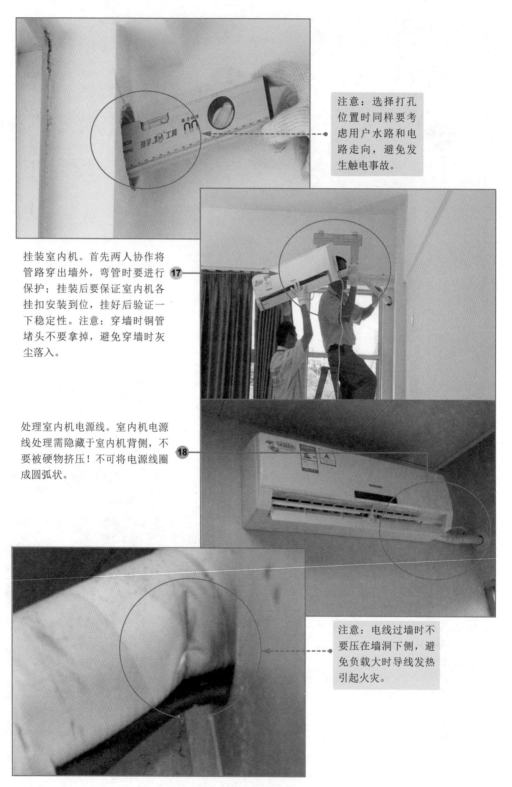

注意：选择打孔位置时同样要考虑用户水路和电路走向，避免发生触电事故。

挂装室内机。首先两人协作将管路穿出墙外，弯管时要进行保护；挂装后要保证室内机各挂扣安装到位，挂好后验证一下稳定性。注意：穿墙时铜管堵头不要拿掉，避免穿墙时灰尘落入。

处理室内机电源线。室内机电源线处理需隐藏于室内机背侧，不要被硬物挤压！不可将电源线圈成圆弧状。

注意：电线过墙时不要压在墙洞下侧，避免负载大时导线发热引起火灾。

图4-6 安装空调室内机（续）

4.1.5　安装室外机

安装室外机时，首先要选择好室外机的位置。选择时注意以下原则：

（1）安装面强度明显不足时，应采用相应的加固、支撑和减振等措施。

（2）使用的紧固件必须能使空调器可靠固定。

（3）应根据安装面材质坚硬程度确定安装孔直径和深度，并选用合适的膨胀螺栓，必须安装牢固、可靠。

（4）高空、高处作业应采取相应措施，确保安装人员人身安全。

安装室外机的方法如图4-7所示。

① 安装外支架的时候，先使用水平仪和卷尺，在墙壁上确定固定孔位置。然后用电钻打好孔，再用一支膨胀螺栓固定好支架，然后用水平尺确定水平后在对称侧打另外一颗，随后打上所有膨胀螺栓。

注意螺栓一定不要少用，安装架必须水平，左右支架孔要拧紧螺丝。另外，对于有横梁的支架，在组装支架时，两个横梁和三角架上的螺钉全部都要用扳手拧紧。

② 固定室外机时，首先将室外机放到安装好的支架上面，然后将地脚螺钉全部拧紧。

图4-7　安装室外机的方法

4.1.6　连接铜管及线路

连接铜管及线路的方法如图4-8所示。

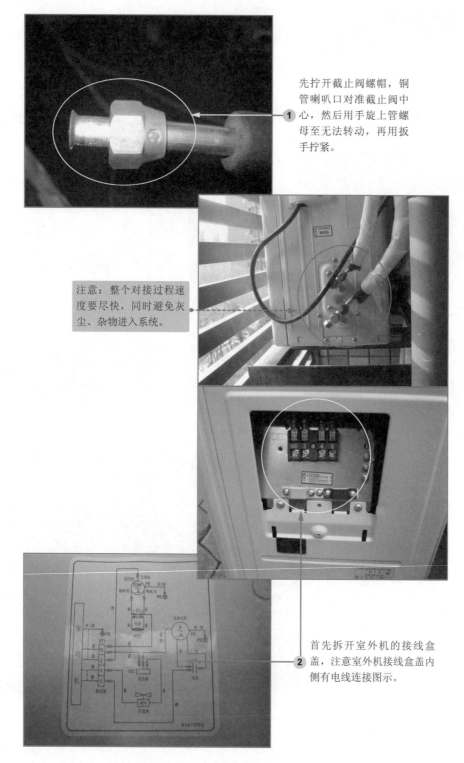

先拧开截止阀螺帽，铜管喇叭口对准截止阀中心，然后用手旋上管螺母至无法转动，再用扳手拧紧。

1

注意：整个对接过程速度要尽快，同时避免灰尘、杂物进入系统。

首先拆开室外机的接线盒盖，注意室外机接线盒盖内侧有电线连接图示。

2

图4-8　连接铜管及线路

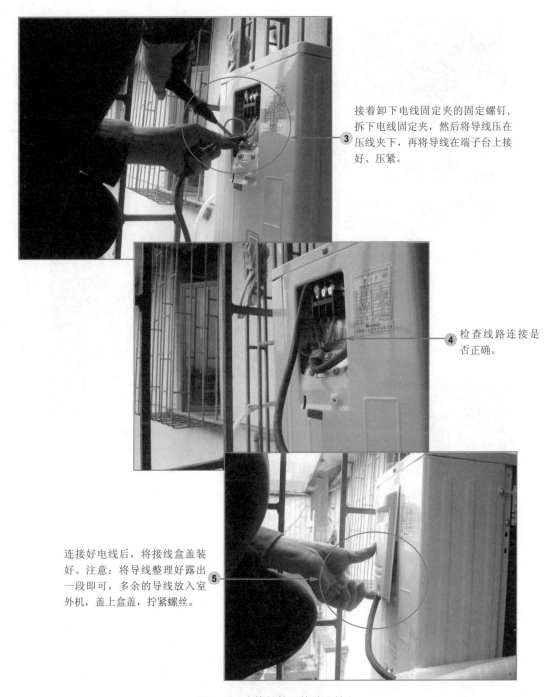

接着卸下电线固定夹的固定螺钉，拆下电线固定夹，然后将导线压在压线夹下，再将导线在端子台上接好、压紧。

③

检查线路连接是否正确。

④

连接好电线后，将接线盒盖装好。注意：将导线整理好露出一段即可，多余的导线放入室外机，盖上盒盖，拧紧螺丝。

⑤

图4-8 连接铜管及线路（续）

4.1.7 排空、检漏与试机

排空、检漏与试机的方法如图4-9所示。

连接好管路和电线后，接着进行管路排空。拆下高压、低压截止阀的两个铜帽，用内六角扳手将高压截止阀的阀芯逆时针旋转两圈。

顶住阀针，待10秒左右，感觉到低压截止阀的维修口有"哧哧"的响声，说明管路内的空气排净，制冷剂排出。

注意：对于采用新冷媒的一些空调，一般不能采用这种方法排出空气，而要先进行抽真空，再排出空气的操作。

排空之后，接下来用内六角扳手逆时针将高压、低压截止阀的阀芯旋转到底，将截止阀全部打开。

注意：一定要将阀芯完全打开，以免影响后期空调器使用性能。

接下来将两个铜帽安装到原来的位置并拧紧。注意：一定将所有的螺帽都装上，并用扳手拧紧以防止冷媒泄漏。

检查内外机的各个接口及截止阀的密封性能，用海绵块蘸上肥皂水涂在可疑点，每处停留不应少于3分钟，如有气泡形成，则存在漏点。

注意：肥皂水不能太稀，否则影响检验；夏季应在停机状态下检漏，冬季应在制热运行中检漏。

图4-9　排空、捡漏与试机

在确认室外机高压、低压截止阀完全打开，各连接口密封良好的情况下，将空调器插头插入电源插座试机。将空调器置于制冷状态运行15分钟，测量出风口温度，制冷时进风口和出风口温差在8℃以上，说明制冷正常。同时检查是否漏水，是否有异常噪音。

4.2 空调器移机操作实战

空调器移机是一项专业空调技术工种，看似简单的空调移机工作，在不同的空调移机人员手里有着不同的操作结果。如果操作不好，将来会直接影响空调器的使用效果。

4.2.1 空调器移机的流程

空调器移机的流程如图4-10所示。

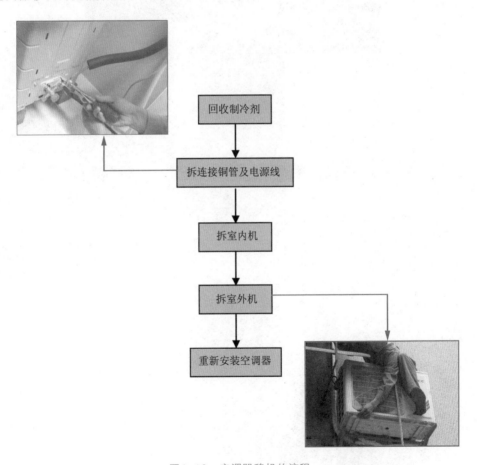

图4-10 空调器移机的流程

4.2.2 空调器移机方法

空调器移机的具体方法如图4-11所示。

（即扫即看）

首先启动空调器，工作状态设定为制冷状态，等压缩机运转5~10分钟，制冷状态正常后，用扳手拧开室外机的高压截止阀和低压截止阀接口上的螺帽。

提示：如果是冬季，宜先用温热的毛巾盖住室内机的温度传感器探头，然后制冷状态设定开机。也可采用室内机上的强制启动按钮开机。

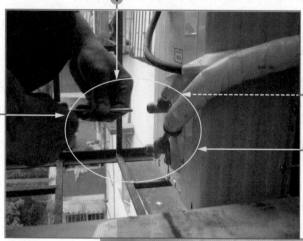

接着用内六角扳手顺时针拧高压截止阀（细的管），关闭高压截止阀的阀门。约30秒后，当管外表结露，同样用内六角扳手立即关闭低压截止阀的阀门（粗的管），同时迅速关机，拔下电源插头。

用扳手拧紧高压、低压截止阀的螺帽，至此回收制冷剂的工作完成。

用大扳手将连接管与室外机的接头逆时针拧下来，并拆掉电源连接线，在拆线时要记住连接线的接法，以免安装时不知道如何接线。

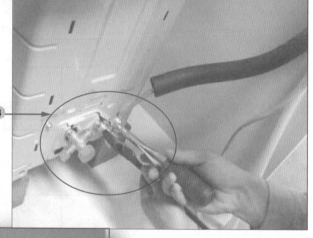

注意：用准备好的堵头封住连接管的端口，防止空气中灰尘和水份进入。堵头上好，最后再用塑料袋扎好，盘好以便于搬运。

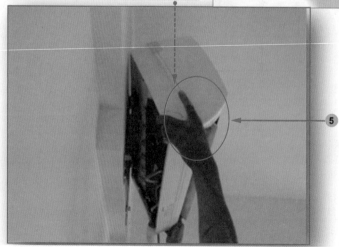

拆下连接管道和电源线后，接下来可拆卸室内机。将室内机从墙上的壁挂板上卸下，同时用准备好的密封钠子旋好护住室内机连接接头的丝纹，防止在搬运中碰坏接头丝纹。

图4-11 空调器移机方法

拆好室内机后，准备拆卸室外机。用安全绳绑在身上，做在室外机上面，拆卸空调室外机的地角螺丝，拆卸完后，和另一个人配合将室外机搬进屋内。

注意：空调移机拆卸后放下室外机时，最好用绳索吊住，卸放的同时应注意平衡，避免振动、磕碰，并注意安全。

图4-11　回收制冷剂（续）

4.3　延长电源线操作实战

当安装空调器时，有时由于安装位置的原因，电源线不够长，需要延长电源线。由于空调器的功率较高，如果延长电源线时，接口没有处理好，可能会影响空调器的正常工作，甚至给日后带来安全隐患。

延长电源线时，应按照下面的操作步骤进行操作。如图4-12所示。

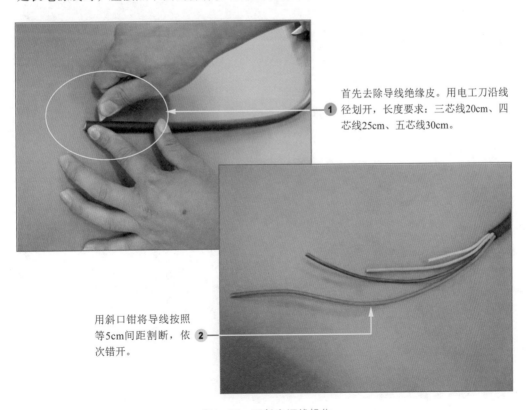

首先去除导线绝缘皮。用电工刀沿线径划开，长度要求：三芯线20cm、四芯线25cm、五芯线30cm。

用斜口钳将导线按照等5cm间距割断，依次错开。

图4-12　延长电源线操作

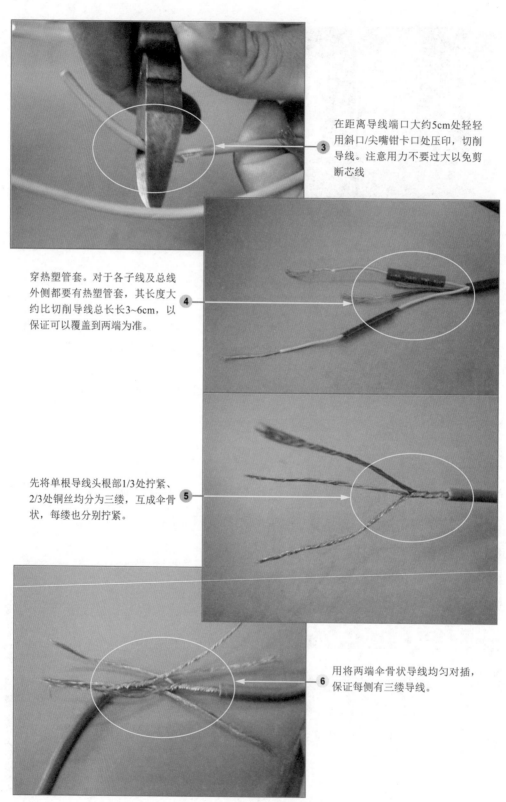

在距离导线端口大约5cm处轻轻用斜口/尖嘴钳卡口处压印，切削导线。注意用力不要过大以免剪断芯线

③

穿热塑管套。对于各子线及总线外侧都要有热塑管套，其长度大约比切削导线总长长3~6cm，以保证可以覆盖到两端为准。

④

先将单根导线头根部1/3处拧紧、2/3处铜丝均分为三缕，互成伞骨状，每缕也分别拧紧。

⑤

用将两端伞骨状导线均匀对插，保证每侧有三缕导线。

⑥

图4-12 延长电源线操作（续）

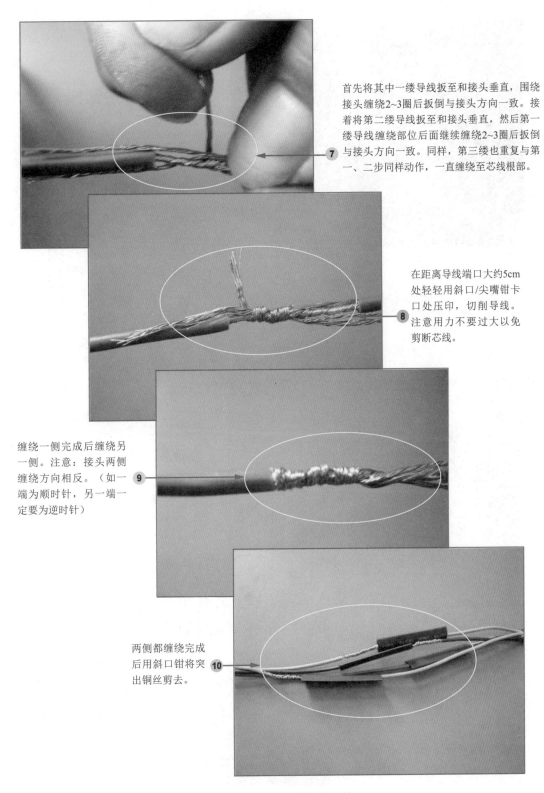

首先将其中一缕导线扳至和接头垂直，围绕接头缠绕2~3圈后扳倒与接头方向一致。接着将第二缕导线扳至和接头垂直，然后第一缕导线缠绕部位后面继续缠绕2~3圈后扳倒与接头方向一致。同样，第三缕也重复与第一、二步同样动作，一直缠绕至芯线根部。

⑦

在距离导线端口大约5cm处轻轻用斜口/尖嘴钳卡口处压印，切削导线。注意用力不要过大以免剪断芯线。

⑧

缠绕一侧完成后缠绕另一侧。注意：接头两侧缠绕方向相反。（如一端为顺时针，另一端一定要为逆时针）

⑨

两侧都缠绕完成后用斜口钳将突出铜丝剪去。

⑩

图4-12　延长电源线操作（续）

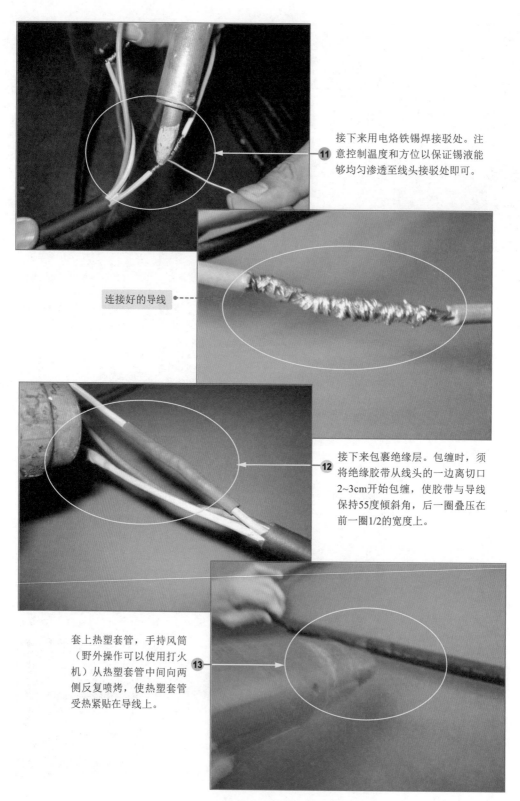

⑪ 接下来用电烙铁锡焊接驳处。注意控制温度和方位以保证锡液能够均匀渗透至线头接驳处即可。

连接好的导线

⑫ 接下来包裹绝缘层。包缠时，须将绝缘胶带从线头的一边离切口2~3cm开始包缠，使胶带与导线保持55度倾斜角，后一圈叠压在前一圈1/2的宽度上。

⑬ 套上热塑套管，手持风筒（野外操作可以使用打火机）从热塑套管中间向两侧反复喷烤，使热塑套管受热紧贴在导线上。

图4-12 延长电源线操作（续）

4.4 抽真空操作实战

抽真空操作是空调安装或维修过程中，加注制冷剂前的一个必不可少的重要工序。即用真空泵与空调制冷系统管路相连接，将系统管路中的空气排除的过程。因为空调的制冷管路中如果有空气，会阻碍制冷剂的流动，甚至空气中的水分会产生冰堵故障。所以空调器加制冷剂时，必须进行抽真空操作。

（即扫即看）

空调器在进行抽真空操作时，需要用到真空泵，压力表等设备。如图4-13所示为空调抽真空时的设备连接示意图。

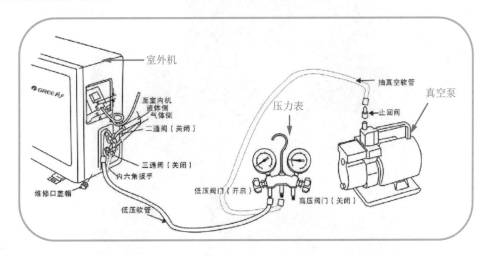

图4-13 空调抽真空时的设备连接示意图

抽真空的方法如图4-14所示。

首先观察真空泵的油标指示，看是否有足够的油。接着启动真空泵看是否正常，注意：可通过将手指放在真空泵吸气口上判断是否正常。

图4-14 抽真空的方法

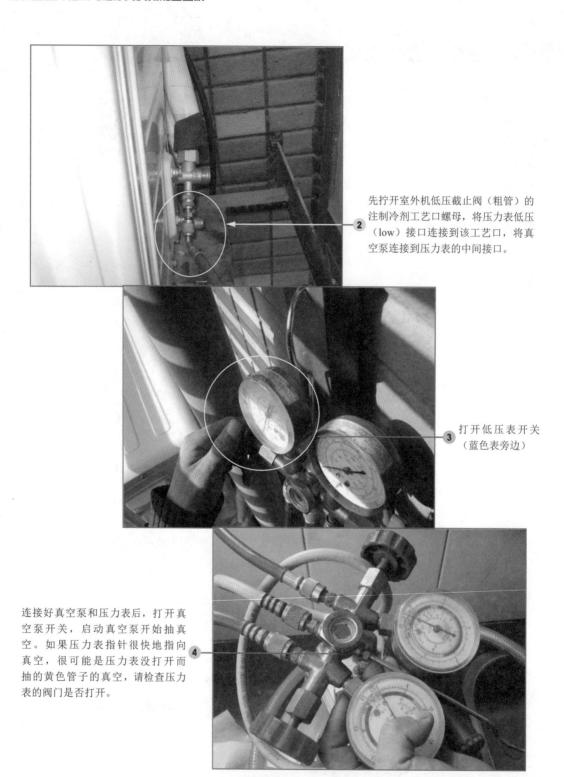

先拧开室外机低压截止阀（粗管）的注制冷剂工艺口螺母，将压力表低压（low）接口连接到该工艺口，将真空泵连接到压力表的中间接口。 **2**

打开低压表开关（蓝色表旁边） **3**

连接好真空泵和压力表后，打开真空泵开关，启动真空泵开始抽真空。如果压力表指针很快地指向真空，很可能是压力表没打开而抽的黄色管子的真空，请检查压力表的阀门是否打开。 **4**

图4-14 抽真空的方法（续）

一般抽真空大约需要20~30分钟，以压力表指针≤-0.1MPa时为准。如果蓝色的表的表针指向最低端时说明已经达到真空度要求。

结束抽真空后，先关闭压力表低压阀门（蓝色），然后关闭真空泵。⑤

当蓝色表的指针指向最低端时，观察压力表指针5分钟，看指针是否回转。如果表针不回转，则说明抽真空合格。如果回转即说明系统有泄漏。需检查可能漏点并重复上述操作抽真空过程。

确认无漏点后，打开高压阀阀门阀芯少许（细管），当压力（低压）达到⑥ 0.05MPa时关掉小阀门，快速拆下压力表（非常关键）。

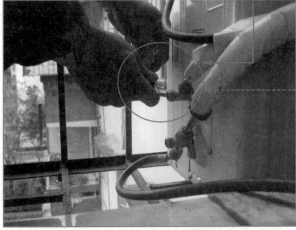

注意：此步骤为使系统变为正压，避免拆表过程中再次进入空气，抽真空失效。

图4-14 抽真空的方法（续）

4.5 加冷媒操作实战

空调冷媒不足时，通常会出现气管阀门发干用手触摸没有明显的凉感、高压管（细管）阀门结霜、部分蒸发器结露或结霜、室外机排风没有热感、排水软管排水断断续续或根本不排水、测量空调器的工作电流小于额定电流、从室外机充氟口测量的压力低于0.45Mpa等现象。

（即扫即看）

加冷媒操作方法如图4-15所示。

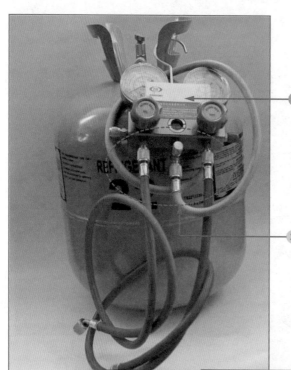

1　首先准备加制冷剂需要的工具。主要有制冷剂钢瓶、加制冷剂管、带三通阀的真空压力表等。

2　先将制冷剂钢瓶连接到压力表高压表接口，接着打开制冷剂钢瓶的阀门，再打开压力表高压表的阀门。当压力表中间接口的软管有制冷剂排出后，表明软管中的空气已经排出，关闭高压表的阀门。

3　拧开室外机的低压截止阀（粗管）的注制冷剂工艺口螺母，将压力表中间接口的软管连接该工艺口。

图4-15　加冷媒操作方法

连接好设备后，准备开始加注。先拔下空调器的电源，打开压力表的阀门，利用钢瓶与制冷系统压力差充入制冷剂。当压力表显示的压力值为0.4MPa后，将空调器接上电源，并用遥控器开机，运行压缩机。同时观察压力表的压力值，当压力值在0.4~0.5MPa之间时，表明制冷剂充注量达到了标准。

关闭制冷剂钢瓶的阀门，再关闭压力表的阀门，然后拆下截止阀上的软管，并拧上低压截止阀的螺帽。

图4-15 加冷媒操作方法（续）

第5章

空调器故障判断方法
与维修经验

前面的章节主要讲解了空调器的制冷原理、电气系统结构原理以及基本操作，本章主要介绍空调器典型故障的检修思路和维修方法等。

5.1　引起空调器故障的原因

空调是比较常用的家电，因此在使用的时候出现故障是在所难免的，而在空调器出现故障的原因又有很多种，下面对引起空调器故障的原因做一个总结，如表5-1所示。

表5-1　引起空调常见故障的原因

序号	常见故障	可能故障原因
1	空调只吹风不制冷	室外机不工作，空调缺冷媒，压缩机损坏，压缩机启动电容器损坏
2	空调不开机	电源插座故障，室内机电路板故障，变压器故障，空调遥控器故障
3	空调外机不启动	遥控器制冷模式设置错误，温度设定范围高于房间的温度，室内外连接线路不通，室外机交流接触器异常，室内机电路板或继电器损坏
4	空调室外风机不工作	室外机风扇电机损坏，室外机风扇电机启动电容损坏，电路板的风机控制继电器损坏
5	空调外机工作压缩机不启动	压缩机本身故障，压缩机温度过高，压缩机启动电容损坏
6	空调不够冷	冷媒不足，室外机散热不良，室外机冷凝器过脏，室外机风扇电机转速慢，过滤器毛细管有堵塞现象，压缩机工作不良，室内机过滤网、蒸发器脏堵
7	空调手动能开机遥控不开机	遥控器电池电量不足，遥控器损坏，空调遥控接收头损坏，空调内机控制电路板损坏
8	空调遥控能开机手动不能开机	室内主控电路板损坏，强制开关按钮损坏
9	空调能通电不开机	室内电路板损坏，空调显示故障代码进入保护状态引起不开机，空调遥控器损坏，空调遥控接收板故障
10	空调不能摆风	空调导风板损坏，空调摆风电机损坏，空调室内机控制电路板损坏，继电器开路，遥控器未设好
11	室内风机不启动	室内机风扇电机损坏，室内机风扇电机启动电容损坏，室内机电路板损坏，电机霍尔元件损坏
12	室内机风小	过滤网脏堵，室内机风扇叶（贯流叶片）灰尘多，蒸发器脏堵，室内机风扇电机故障，风机电容容量不足，室内机电路板故障
13	空调室内机漏水	安装原因，室内机左右不水平，排水管口高于内机，排水管（排水槽）堵塞
14	室内机左右或出风口滴水	过滤网脏堵，冷媒不足，空调保温棉失效，室内机V型排水槽堵住，排水管堵塞
15	空调灯闪不能开机	室内机管温传感器故障，室内机室温传感器故障，室内机风扇电机线路断路，室外机缺冷媒
16	空调插电跳闸	压缩机漏电，室内外连接线短路，风扇电机漏电，室内机电源模版短路，漏电开关损坏
17	空调制冷一点时间后跳闸	压缩机有微漏电现象，压缩机电源线漏电，漏电开关功率不够大，空调散热不良

续表

序号	常见故障	可能故障原因
18	空调室内机有噪音	导风叶片问题，室内机风扇电机风扇页问题，室内机风扇电机轴承问题，安装问题
19	空调室外机有噪音	压缩机卡缸，压缩机防震胶垫损坏，室外机风扇叶片断裂，室外机风扇电机问题，电机壳螺丝震动问题，压缩机与铜管碰撞问题
20	空调不能制热	模式调错，设定温度低于房间环境温度，室外机四通阀损坏，室内机继电器问题，室外机电路板异常，室外机风扇电机问题

5.2 通过关键参数判断故障

空调器在制冷过程中，管路系统有关部件的温度、结露、结霜情况以及声响、压力等都有规律性变化，这些规律性的变化可以帮助我们判断故障。下面把空调器运行的一般规律总结出来，供维修检测时参考。

5.2.1 开机听空调器运转声音判断故障

空调器工作时，正常和非正常状态下，声响情况变化规律如图5-1所示。

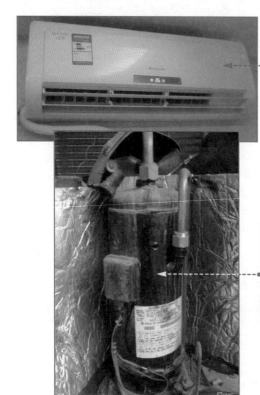

空调器在正常工作状态时，风扇、压缩机都会发出均匀的运转声音。停机时应当听到"嘘"的一声愈来愈小的气流声，这说明系统没有堵塞现象。这种气流声是一种空气声，气流声应该低沉，如果比较响亮，则说明制冷剂过少；如果没有气流声，则说明管路系统有堵塞的现象。

如果压缩机出现强烈的"嗡嗡"声、不起动或起动困难，这说明压缩机有卡缸故障或者电机绕组损坏。此时应该立刻关断电源。

图5-1 空调声响情况变化规律

听毛细管或热力膨胀阀等节流元件处的液流声，正常流动的是气液混合体的流动声（液体占80%以上），若流动声比较低沉，则说明制冷剂量充足。若是声音较宏亮则说明制冷剂量不足。

检查暖空调器的四通阀时，主要是监听其动作时的气流声，以判断四通阀是否正常。四通阀在正常换向时有两个声音：一个是当电磁线圈通电后，阀心被吸引时不太响的"嗒"的一声撞击声；随后就是急促的气流声。这是由于电磁四通阀的一端与活塞间的筒体内的高压气体向吸气管释放的气体流动声。否则说明电磁阀或换向阀有故障。若电磁阀有"嗒"的声音而无气流声则说明磁阀是好的，而是换向阀有故障。

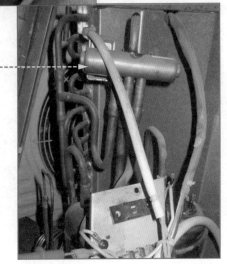

图5-1　空调声响情况变化规律（续）

如果空调器风扇运转有杂音，噪音过大等现象，则重点检查下面部件，如图5-2所示。

安装不当。如支架尺寸与机组不符、固定不紧或未加减振橡胶、泡沫塑料垫等，均可使空调器在运转时振动加剧、噪声变大。尤其在刚启动和停机时表现得最为明显。

图5-2　听空调器运转声音

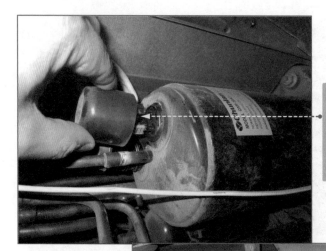

压缩机不正常振动。底座安装不良，支脚不水平，防震橡胶或防震弹簧安装不良或防震效果不佳等。如果压缩机内部发生故障，如阀片破碎、液击等也会发出异常声音。

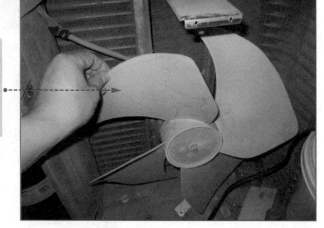

风扇碰击。风扇叶片安装不良或变形会引起碰撞声。风扇可能与壁壳、底盘相碰，风扇的轴心窜动，叶片失去平衡也会发出撞击声；如果风扇内有异物，叶片与之相碰也会发生撞击声。

图5-2　听空调器运转声音（续）

5.2.2　观察空调器各部件的工作情况

重点观察制冷系统、电气系统、通风系统三部分，判断它们工作是否正常。另外注意显示屏的故障代码。如图5-3所示。

制冷系统：观察制冷系统各管路有无裂缝、破损、结霜与结露等现象；制冷管路之间、管路与壳体等有无相碰磨擦，特别是制冷剂管路焊接处，接头连接处有无泄漏，凡是泄漏处就会有油污（制冷系统中有一定量的冷冻机油），也可用干净的软布、软纸擦拭管路焊接处与接头连接处，观察有无油污，以判断是否出现泄漏。

图5-3　观察空调器各部件的工作情况

电气系统：观察电气系统熔丝是否熔断，电气导线的绝缘层是否完整无损，电路板有无断裂，连接处有无松脱等。特别是电气连接是否接触良好，接线螺丝、插接件极易松脱造成接触不良。

通风系统：观察空气过滤网、热交换器盘管和翅片是否积尘过多；进风口、出风口是否畅通；风机与扇叶运转是否正常；风力大小是否正常等。

图5-3　观察空调器各部件的工作情况（续）

5.2.3　通过温度变化规律判断故障

空调器工作正常时的温度变化规律如图5-4所示。

手摸室外机阀门。可在开机十几分钟后用手摸。室外机有两个铜阀门，一个接粗铜管，一个接细铜管。用手摸两阀门应有温差；粗的应比细的温度低些，摸着比较凉为正常（在温度高时也应有冷凝水），再摸室外机的热风是不是热呼呼的，如果不热可能缺冷媒。

图5-4　温度变化规律

压缩机回气管应该凉，大约为摄氏15℃左右。

排气管应该热，大约为摄氏50~70℃。如果回气管不凉，排气管不热，会造成不能制冷或者制冷效果差。

进风口

出风口

蒸发器的出风口应该有冷空气吹出，进风口与出风口的温度差大约为8~13℃，以上情况说明空调器制冷良好。

在正常情况下，将蘸有水的手指放在蒸发器表面，会有冰冷粘住的感觉。

图5-4　温度变化规律（续）

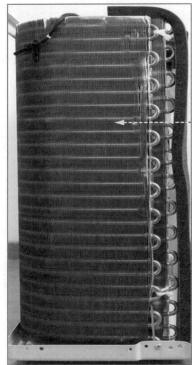

正常情况下，冷凝器的温度是自上而下逐渐下降，下部的温度稍高于环境温度。若整个冷凝器不热或上部稍有温热，或虽较热但上下相邻两根管道温度有明显差异，均属不正常。

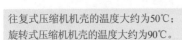
往复式压缩机机壳的温度大约为50℃；旋转式压缩机机壳的温度大约为90℃。

室外机的干燥器出口处毛细管在正常情况下应有温热感（比环境温度稍高，与冷凝器末段管道温度基本相同），如感到比环境温度低或表面有露珠凝结及毛细管各段有温差等均不正常。

图5-4　温度变化规律（续）

5.2.4 通过仪表测量参数判断故障

为了准确判断故障的性质与部位，常常要用仪器、仪表检查测量空调器的性能参数和状态。如图5-5所示。

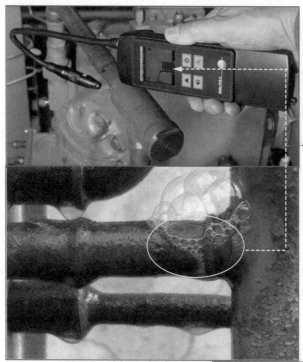

用冷媒检漏仪检查有无制冷剂泄漏（没有仪器可以将不太浓的肥皂水涂在整机制冷系统管路、有焊接点的部位进行检漏。）

用万用表测量电源电压、各接线端对地电流及运转电流是否符合要求，测量各控制点的电位是否正常等。

图5-5 仪表测量参数

5.2.5 通过结露、结霜变化规律判断故障

结露、结霜等现象的变化规律主要观察截止阀。空调器在工作时结露和结霜变化规律如图5-6所示。

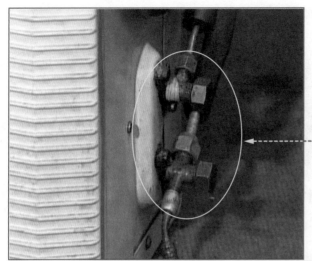

在夏天制冷时，空调器的大阀（低压阀）和小阀（高压阀）应该结露或者滴水，但不能结霜。

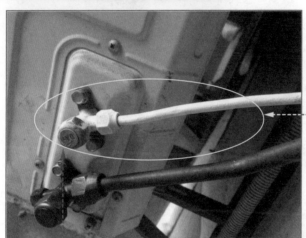

如果制冷剂不足，小阀会结霜，且不会散化掉。如果管路系统出现轻微堵塞，小阀也会出现结霜，但霜会逐渐的散化掉。这就是轻微堵塞与制冷剂少的重要区别。

低压管（粗管）结霜、室内机蒸发器结霜，一般是由于室内蒸发器脏堵或管路有弯折引起。

若制冷剂过多且环境温度在30℃以下，小阀与大阀均会结霜，需要放掉多余的制冷剂。

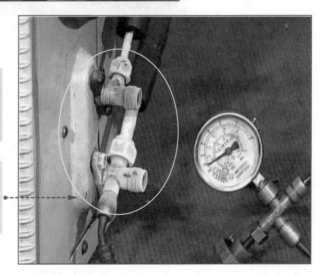

图5-6　结露和结霜变化规律

制热状态下，空调器运行50分钟以上且环境温度比较低时，室外机的蒸发器要结霜，这是正常现象。空调器会自动化霜。但是运行到20分钟时就结霜，则为制冷剂过少的表现，需要加制冷剂。

观察压缩机进气管和吸气管结露情况。制冷剂适中的情况下，压缩机的吸气管结露，进气管处的泵壳凉而泵壳身热，排气管温度稍高。如果压缩机的吸气管不结露，排气温度不太热，说明制冷剂偏少。但如果用了膨胀阀，应检查是否为阀门开得过小所致。

如果压缩机的吸气管结露，甚至泵壳一半以上均结露，则为制冷剂量过多。若是使用膨胀阀，也可以是其阀门开得过大而引起的。对旋转式压缩机而言，正常时其泵壳内是高温高压气体，其泵壳和排气管总是热的（甚至烫手），不会结露。

图5-6 结露和结霜变化规律（续）

气液分析器结霜、温度变化分析：

（1）气液分离器顶部结霜是气液分离器进口有异物堵了或更换压缩机时气液分离器的进气口焊堵引起。

（2）气液分离器顶部和底部均结霜是气液分离器过滤网或进油孔堵引起。

（3）气液分离器上部常温下部结霜是缺冷媒引起。

（4）气液分离器凉而不结露或结霜，而压缩机吸入口结"白毛霜"是冷媒加的过多引起。

（5）气液分离器热是四通阀串气引起的。

（6）气液分离器凉的，但不结露（或结霜）是压缩机串气了或系统有空气或不溶气体引起的。

5.2.6　根据压力变化规律判断故障

观察压力变化规律是准确判断制冷系统故障的有效方法，观察压力变化规律的仪器是压力表，检测时首先将压力表安装在大阀的维修口处。压力表在制冷状态时测量的是低压侧的压力，在制热状态时测量的是高压侧的压力。

空调正常工作时和非正常工作时的压力变化规律如图5-7所示。

当环境温度大约为30℃时，在制冷状态下，低压侧（细管）的压力应为0.5MPa左右；在制热状态时，高压侧（粗管）的压力应为2MPa左右。

压缩机停机时，低压侧（细管）的压力应为0.7MPa左右，高压侧（粗管）的压力应该为0。

如果出现低压侧压力下降，可能是制冷剂太少，管道微堵，室内风机不转，过滤网脏等原因。

如果出现低压侧压力升高，可能是制冷剂过多，四通阀串气等原因。应该对症处理。

图5-7　压力变化规律

5.3　空调器故障检修思路

接下来本节主要总结空调维修中常见故障的判断方法和经验。

5.3.1　如何判断故障的部位

判断空调器故障部位以及判断方法如表5-2所示。

表5-2　判断空调器故障部位的方法

序　号	故障部位判断	判　断　方　法
1	测量室外机接线端电压	如测量室外接线端子上有交流或直流电压，说明故障在室外机；如测量无交流或直流电压，说明故障在室内电路
2	观察室外机继电器是否吸合（大功率空调）	如继电器吸合，说明故障在室外机；如没有吸合，说明故障在室内机
3	测量空调器负载电压与压缩机运行电流	对于压缩机频繁开停故障，如果压缩机运转电流过大，说明故障在主电路；如果压缩机运转电流正常，说明故障在控制电路
4	观察室外机交流继电器是否吸合	对于风机运转压缩机不启动故障，如继电器吸合而压缩机不工作，说明故障在电源电路；如继电器不吸合，说明故障在控制电路。对于变频空调，压缩机不启动，可通过检测功率模块来排除故障
5	测量室内机与室外机保护元件是否正常	如测量保护元件正常，说明故障在控制电路；如测量保护元件损坏，说明故障在电源电路
6	强行按动继电器，观察压缩机是否能正常制冷	对于压缩机不运转故障，如按下继电器后压缩机能运转且制冷，说明故障在控制电路；如按下接触器压缩机过流或不启动，说明故障在电源电路（变频压缩机不能采用此法）
7	摸压缩机外壳温度	对于压缩机频繁启动故障，如摸压缩机外壳温度过高，多为电源电路或压缩机本身故障
8	检测室内外热敏电阻、压力继电器、热保护器、相序保护器	如保护元件正常，说明故障在控制电路；如不正常，说明故障在保护电路
9	替换法判断故障部位	如用新控制电路板换下旧主板后，故障现象消除，说明故障在控制电路板；如替换后故障还存在，说明故障在保护电路
10	利用"应急开关"或"强制开关"来判断故障部位	如按动应急开关后空调器能制冷或制热，说明控制电路正常，故障在遥控发射与保护电路；如按动"强制开关"后，空调器不运转，说明故障在控制电路

5.3.2　如何判断控制电路故障

　　空调器的控制电路比较复杂，维修起来比较费劲，不过掌握一定的检修思路，维修时安装此方法步骤进行检修，故障一般都能解决。维修控制电路时，一般厂家维修人员上门多采取更换整块控制电路板的办法来维修，对故障电路板再返厂进行维修。

　　通常情况下，控制电路板故障不会影响制冷系统的管路压力和温度参数；也不会影响压缩机的负载电压和运转电流参数。因此，只要制冷系统的管路压力不正常，压缩机的运转电流不正常，则可能不是控制电路的故障。

空调器控制电路故障维修总结如图5-8所示。

控制电路板开始工作需要5V工作电压、复位信号和时钟信号，如果电源电路、复位电路和时钟电路中的任一电路损坏，均会造成微处理器无法正常工作，就会造成空调器无显示、整机不工作的故障现象。因此在检查控制电路板故障时，首先检查控制电路的12V、5V工作电压是否正常。如果工作电压正常，再继续检查复位电路和时钟电路是否正常，是否在开机的时候有这两种信号。

复位电路采用的大多是低电平复位的方式，即开机瞬间为低电平，然后转变为高电平。其易损元器件多为复位电容或复位芯片。应重点检查这两个元器件。

时钟电路主要采用晶振和谐振电容的方式，其易损元器件多为晶振和谐振电容。对于晶振，可以测量晶振两脚的电压，正常应该有零点几伏的电压差。

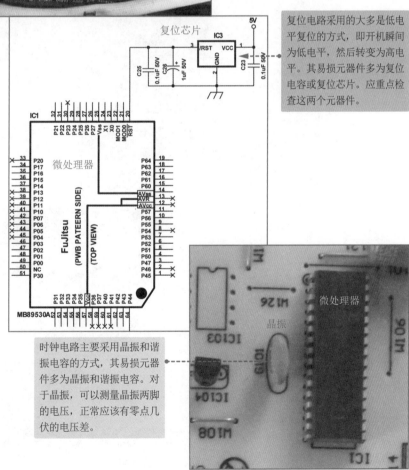

（a）工作电压、复位电路和时钟电路检测

图5-8 空调器控制电路故障维修总结

控制电路板的驱动电路故障率较高，如压缩机驱动电路、风机驱动电路、四通阀驱动电路等。驱动电路中比较常见的易损元器件主要是：控制继电器及其线圈或触点两端并联的保护二极管或R、C元件，驱动三极管及光耦中的可控硅等。在检测驱动电路故障时，应重点检查这些元器件。

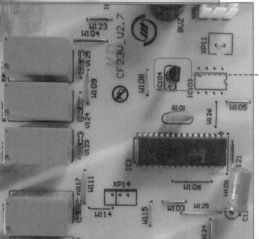

对易损元器件进行检测时，如果驱动执行元器件为NPN型三极管的，当微处理器控制端输出大于0.6V高电平时，三极管E-C极导通负载将有电流通过；反之微处理器控制端输出小于0.2V低电平，三极管截止，负载不工作。而驱动执行元器件为PNP型三极管则相反。

如果驱动执行元器件为光电耦合器或光耦可控硅的，当微处理器控制端输出是低电平时，光电耦合器或光耦可控硅输入端（发光二极管）导通，输出端导通；反之则不导通，输出端开路。如果驱动执行元器件为集成反相器的，当微处理器控制端输出高电平时，反相器相对应的输出端便为低电平，负载与地也就构成了闭合回路而通电；反之微处理器输出为低电平，反相器输出高电平，负载不通电。

（b）驱动电路检测

图5-8　空调器控制电路故障维修总结（续）

通讯电路故障也是控制电路中故障常发电路。通讯电路发生故障时，通常会在显示屏上显示故障代码。通讯电路中易损坏的元器件主要有：光电耦合器、24V通讯电源、信号连接线等。一般出现通讯异常故障后，首先检查一下信号连线中间是否有接口，如果有，连接口发生故障的情况非常多。通常都是连接口被氧化，接触不良，或连接口断开。

接下来检查24V通讯电源是否正常，重点检查24V电源电路中的整流二极管、滤波电容和分压电阻等易损元器件。之后检查光耦合器是否击穿或短路。可以通过对其输入、输出端的电压或电阻进行测量来判断其故障。

（c）通讯电路检测

控制电路板的温控电路主要有室温、管温和化霜等温控电路。温控电路的常见故障现象是不开机、不停机、不除霜和发生制冷系统保护等。

对于机械开关控制式空调器主要采用的是触点常闭的机械式温控器；对于电子控制式空调器主要采用的是电压比较式电子温控板；对于微电脑控制式空调器主要采用的是传感器输入电路。机械式温控器的维修相对比较简单，故障原因多见为温控器触点粘连或感温头破损引起的触点断开，一般应更换温控器。电压比较式电子温控板的维修，首先要确定是否为电子温控板的故障，如果制冷或制热的控制继电器无吸合声，若短接继电器的触点能开机，则可以确定是电子温控板故障。其次，重点检查冷热转换开关、温度调节电位器、热敏电阻、继电器等易损元器件的好坏。

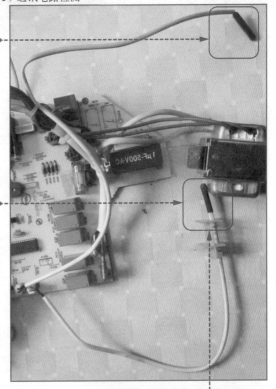

对于传感器输入电路的维修，一般情况下，排除了传感器接插件不良，更换了传感器或电路中的滤波电容后，能很快解决故障。

（d）温控电路检测

图5-8　空调器控制电路故障维修总结（续）

控制电路板的保护电路出现故障通常会导致应该启动保护时不启动，或工作正常时却发生误保护。

当发生电源过欠压保护时，如果电源电压正常，则为电源过欠压保护电路故障；当发生低压力或过热保护时，如果短接了相对应的保护执行元件—常闭型继电器的动触点，空调器能够工作且运转电流及高低压力正常，则为相对应的保护电路故障；当发生过流保护时，如果将穿过互感器的电源线不穿过互感器，故障依旧或空调运转，且工作电流正常则为过流保护电路故障；当发生缺相或相序保护时，如果压缩机接触器输入端三相电源正常，且调换了三相电源线的相序，故障依旧，则为缺相或相序保护电路故障。

（e）保护电路检测

图5-8　空调器控制电路故障维修总结（续）

5.3.3　如何区分四通阀窜气与压缩机窜气

当四通阀内部损坏后会导致四通阀窜气；而压缩机内部损坏后，会导致压缩机窜气，这两种窜气有相同之处，有不同之处。有的维修人员经常误判，经常换了压缩机，再换四通阀，折腾几次才找到故障。

四通阀与压缩机窜气故障现象如下：

1. 四通阀窜气与压缩机窜气相同的地方

（1）高压侧压力偏低，低压侧压力偏高。

（2）电流异常

（3）制冷（制热）效果明显下降。

2. 四通阀窜气与压缩机窜气不同的地方

压缩机窜气的现象：

（1）压缩机工作时，排气管不烫手吸气管无吸力。

（2）室内机和室外机制冷剂气流声特弱。

（3）压缩机温度比正常运转高15摄氏度左右。

（4）压缩机回气无吸力。

四通阀窜气的现象：

（1）四通阀串气，排气管吸气管都很烫。

（2）四通阀阀体内有较大制冷剂流动声。

（3）贮液器温度较高。

（4）压缩机回气管吸力较大，手摸吸气管烫手。

5.3.4 系统故障与相关参数变化规律

当发生系统故障时，压缩机电流会变化，系统压力会变化，温度也会变化，在我们判断故障时，可以结合这些变化参数来判断故障原因。接下来总结一下系统故障与相关参数变化规律，如表5-3所示。

表5-3 系统故障与相关参数变化规律

	压缩机电流变化	高压侧压力变化	低压侧压力变化	排出温度/壳体温度变化	吸入温度过热度
冷媒不足	因冷媒少压缩机负荷小 ↓	因循环系统内绝对冷媒少，冷凝压力低 ↓	蒸发压力低 ↓	吸入温度高。因冷媒循环量小，压缩机内冷却条件差 ↑	因冷媒少蒸发完成早，吸入气体温度高 ↑
冷媒过多	因冷媒多，压缩机的负荷大 ↑	因循环系统内绝对冷媒多，冷凝压力高 ↑	蒸发压力高 ↑	吸入温度低，循环量大冷却效果好 ↓	因冷媒量多，蒸发完成迟，无过热度 ↓
蒸发不良	因低压侧压力下降，吸入气体量较少，压缩机负荷小 ↓	因低压侧压力低，高压侧压力跟随下降 ↓	蒸发能力小，液体成分增多，压力下降 ↓	可能液击，冷凝温度低，压缩过程中液体汽化耗功 ↓	蒸发少，过热度小 ↓
冷凝不良	因高压侧压力升高，压缩机负荷大 ↑	因冷凝器换热能力差，压力上升 ↑	因高压压力上升，低压侧压力跟随上升 ↑	因高压压力上升，温度上升 ↑	↘
毛细管堵塞	因冷媒流动阻力大，压缩机工作效率降低 ↓	因冷媒循环量小，冷凝压力低 ↓	因堵塞，进入吸入侧冷媒少，低压压力低 ↓	吸入温度高，循环量小，压缩机冷却调节差 ↑	因冷媒循环量小，蒸发完成早，过热度大 ↑
压缩不良	因不能压缩，压缩机负荷小 ↓	无压缩，高低压压差无 ↓	无压缩，高低压压差无 ↑	吸入温度高，循环量小，压缩机冷却调节差 ↑	冷媒循环量小，低压压力高 ↗

第 6 章

空调器故障测试与维修实战

　　在空调器使用过程中，可能会出现无法开机启动、频繁停机、不制冷、不制热、噪音大、风机不转等各种故障。下面本章将重点总结空调较常见的一些故障的原因、测试点及维修案例，供广大读者参考掌握空调器的维修方法。

6.1 空调器主要故障测试点及测试判断方法

维修空调器时，在对故障原因分析之后，接要对故障原因进行诊断排查，这就需要通过对关键测试点进行测试诊断。接下来总结一下空调器维修中会遇到的各种关键故障测试点。

6.1.1 室内/室外机电源电压测试点及检测方法

在室内机开机无反应的情况下，先检查室内机是否有电源。通常蓝色零线和棕色火线电压为交流220V。如图6-1所示。

（即扫即看）

测量电压时，将数字万用表挡位调到交流400V挡，然后将红表笔接火线，黑表笔接零线测量电压。

图6-1　测量室内机电源电压

在室内机工作而室外机无反应或工作异常的情况下，先检查室外机接线盒室外机电源电压是否正常。变频空调器工作电源正常值在交流150~260V之间，且不会快速波动。定频空调器正常电压为220V左右。如图6-2所示。

测量室外机电压时，将数字万用表挡位调到交流400V挡，然后将红表笔接火线（一般为1号端子），黑表笔接零线（2号端子）测量电压。

图6-2　测量室外机电源电压

6.1.2 熔断器故障测试点及检测方法

在室外机输入的交流电源正常，但仍不工作或显示电压保护的情况下，应对室外机电源供电电路进行检测。在电源供电电路中，熔断器故障率是比较高的，应先检测熔断器是否损坏。熔断器检测方法如图6-3所示。

首先对熔断器进行目测观察，如果观察到熔断器表面有黄黑色污物或炸裂，说明熔断器烧坏（一般是滤波电容、整流堆、开关管等元器件被击穿引起的）。若目测无损，则进行下面操作。

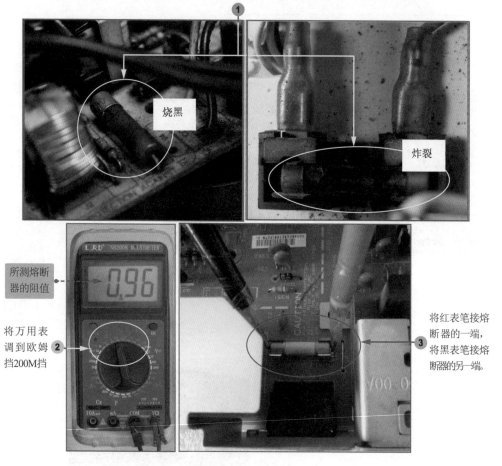

图6-3 检测熔断器

实际测量阻值为0.96MΩ，与熔断器标注阻值相当，可以判断熔断器正常。如果测得数值为无穷大，则说明熔丝被烧坏。此时应该进一步检查电路，否则即使更换新的熔断器，还有可能被烧坏。

6.1.3 整流后直流电压故障测试点及检测方法

在室外机交流电源正常，但仍不工作或显示电压保护的情况下，若熔断器正常，应对室外机电源电路中大容量铝电解电容端电压进行检测，正常电压值为直流310V左右。其检测方法如图6-4所示。

（即扫即看）

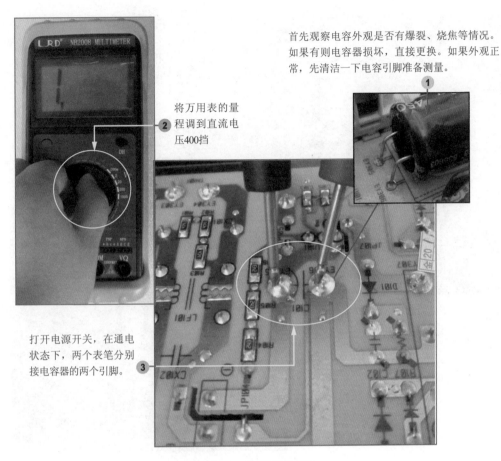

首先观察电容外观是否有爆裂、烧焦等情况。如果有则电容器损坏，直接更换。如果外观正常，先清洁一下电容引脚准备测量。

① 将万用表的量程调到直流电压400挡

② 打开电源开关，在通电状态下，两个表笔分别接电容器的两个引脚。

图6-4　检测滤波电容

检测分析：若检测到该电容的电压与310V非常接近，可以判断此电容正常。如果检测的电压值很小或趋近于0V，则该电容损坏。

6.1.4　整流堆故障测试点及检测方法

在室外机交流电源正常，但电源电路整流后的直流电压不正常的情况下，应对电源电路中的整流堆进行检测，其检测方法如图6-5所示。

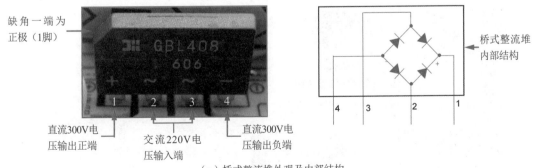

缺角一端为正极（1脚）

GBL408
606

＋　～　～　－
1　2　3　4

直流300V电压输出正端

交流220V电压输入端

直流300V电压输出负端

桥式整流堆内部结构

4　3　2　1

（a）桥式整流堆外观及内部结构

图6-5　整流堆检测方法

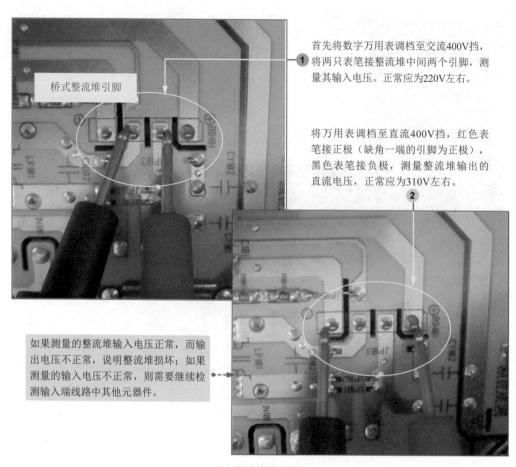

桥式整流堆引脚

① 首先将数字万用表调档至交流400V挡，将两只表笔接整流堆中间两个引脚，测量其输入电压。正常应为220V左右。

将万用表调档至直流400V挡，红色表笔接正极（缺角一端的引脚为正极），黑色表笔接负极，测量整流堆输出的直流电压，正常应为310V左右。

②

如果测量的整流堆输入电压正常，而输出电压不正常，说明整流堆损坏；如果测量的输入电压不正常，则需要继续检测输入端线路中其他元器件。

（b）整流堆检测步骤

图6-5 整流堆检测方法（续）

6.1.5 主芯片5V电压测试点及检测方法

在310V整流滤波电压正常的情况下，接下来测量主芯片5V电压，此电压主要为控制电路中的集成芯片等提供供电，在空调器电路中通常采用稳压器稳压后得到，在检查故障时，只要检测稳压器输出电压即可判断其好坏。如图6-6所示。

（即扫即看）

将数字万用表调档至直流40V挡，红色表笔接稳压器第3引脚（输出脚），黑色表笔接第2引脚（中间引脚），测量稳压器输出的电压，正常应为5V。如果电压不正常，再将红表笔接第1脚（输入脚），测量输入电压，如果输入电压正常，则说明稳压器已损坏。

图6-6 测量稳压器5V电压

6.1.6　IPM模块输出给压缩机电压测试点及检测方法

变频空调器若出现外风机工作但压缩机不工作现象时，可测量IPM模块驱动压缩机的电压，两相间的电压应在0~160V之间且相等，否则功率模块损坏。如图6-7所示。

（即扫即看）

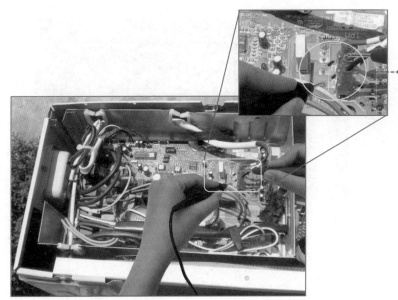

将数字万用表调至直流400V挡，红色表笔分别接IPM模块U、V、W引脚，黑色表笔接N脚（接地），测量输出的压缩机驱动电压，正常应为0~160V，且三个脚输出的电压相等。如果输出的驱动电压不正常，再将红表笔接P脚（电压输入脚），测量输入电压，正常为310V左右。若输入电压正常，则是IPM模块损坏。

图6-7　测量IPM模块输出电压

提示：也可以通过测量IPM模块引脚间阻值来判断好坏。用指针万用表的R×1k挡，红表笔、黑表笔接模块的N端、P端，此时正常电阻应为∞，将两表笔交换测量，此时正常电阻应为1KΩ，若测得阻值不相符，则说明IPM模块损坏。还可以将万用表黑表笔接模块正极（P），红表笔分别接U、V、W引脚，正常情况下三相电阻值应相等，阻值范围在200KΩ~800KΩ之间。如果其中任何一相阻值与其他两相阻值不同，则功率模块损坏。

6.1.7　IPM模块15V电压故障测试点及检测方法

如果空调器显示模块保护或压缩机不工作时，可以检测IPM模块直流15V工作电压是否正常。如图6-8所示。

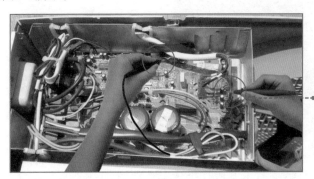

测量时，将数字万用表调到直流40V挡，然后将红表笔接模块供电引脚端连接的稳压二极管引脚，黑表笔接电路板上的公共地，测量电压。

图6-8　测量IPM模块15V电压

6.1.8　12V驱动电压故障测试点及检测方法

在室内外风机、四通阀、电加热不工作，或开机后室外机交流电压被急剧拉低时，可以检测变压器次级线圈输出的直流12V电压是否正常。如图6-9所示。

（即扫即看）

测量时将数字万用表挡位调到直流40V挡，然后红表笔接稳压器输出脚（3脚），黑表笔接中间引脚或稳压器上的散热片。如果不正常，重点测量稳压器连接的滤波电容等元器件。

图6-9　测量12V驱动电压

6.1.9　通讯信号故障测试点及检测方法

在空调器出现通讯故障代码提示后，重点检查是否存在室内外连接线接错、松脱、加长连接线不牢靠或氧化的情况，然后测量室外机接线板中通讯信号电压是否正常。如图6-10所示。

（即扫即看）

确认室内外连接正常的情况下，将数字万用表挡位调到直流40V挡，然后红表笔接信号线端子，黑表笔接零线端子，正常电压应该为0~28V直流电压且有规律变化。

图6-10　通讯信号故障测试

6.1.10　强电通讯环路电压测试点及检测方法

当室外机接线端子中无通讯电压信号时（且排除连接线故障），接下来需要重点检查通讯电路供电电压，包括弱电侧5V电压和强电侧28V电压等（机型不同有所不同）。如图6-11所示。

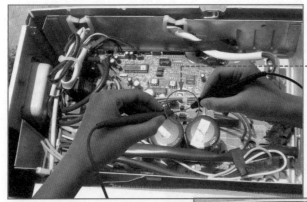

将数字万用表调档至直流40V挡，红色表笔接5V稳压器第3引脚（输出脚），黑色表笔接第2引脚（中间引脚），测量稳压器输出的电压，正常应为5V左右。如果电压不正常，再将红表笔接第1脚（输入脚），测量输入电压，如果输入电压正常，则是稳压器损坏。

将数字万用表调档至直流400V挡，红色表笔接室外机强电通讯环路电阻的一端，黑色表笔接电路板公共地，测量强电通讯环路是否有变化的电压信号。正常应该有0~28V变化的电压信号。如果室外机没有通讯信号，接着用同样的方法测量室内机强电通讯环路电压信号。

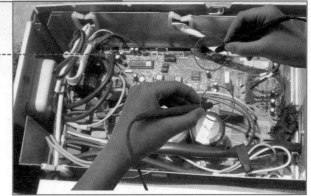

图6-11 测量强电通讯环路电压

6.1.11 光电耦合器故障测试点及检测方法

光电耦合器是通讯电路中的重要元器件，如果光电耦合器损坏，将会导致通讯故障。光电耦合器可以通过测量其引脚阻值的方法判断其好坏。当空调器提示无通讯信号，但通讯端口有通讯电压时，可以考虑检测光耦合器是否正常。如图6-12所示。

（即扫即看）

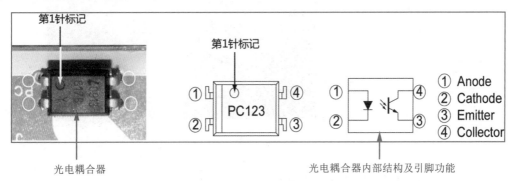

（a）光电耦合器外观及内部结构

图6-12 检测光电耦合器

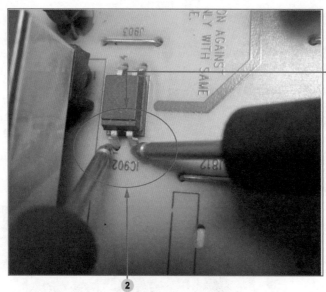

将数字万用表调到欧姆挡200K量程，然后测量内部光敏晶体管端引脚的阻值（3、4引脚）。正常情况下，测量的正向阻值为15KΩ，对调表笔测量反向阻值。正常为60KΩ。

再测量内部发光二极管端的阻值（1、2引脚）。正常情况下，测量的正向阻值为1.5KΩ，反向阻值为1（无穷大）。否则光电耦合器损坏。

（b）光电耦合器检测步骤

图6-12　检测光电耦合器（续）

（即扫即看）

除此之外，也可以通过测量光耦合器输入/输出端电压变化来判断好坏，如图6-13所示。另外，光电耦合器连接的电阻损坏率较高，可通过测量电阻的电压或电阻值来判断。

先将空调器开机，将数字万用表调到直流40V电压挡，将红表笔接1脚，黑表笔接2脚测量。如果有通讯信号，则能测得0~0.7V变化的电压；测量输出端时，将红表笔接4脚，黑表笔接3脚，所测得的也是一个变化的电压。如果输出端4、3脚间测得为0V或5V且数值不变化，表明其输出端已经击穿或断路。

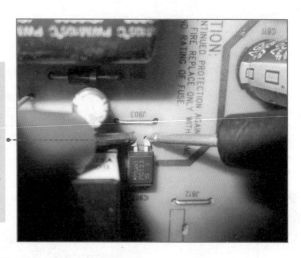

图6-13　测量光耦合器电压

6.1.12　温度传感器故障测试点及检测方法

当空调器出现不制冷/不制热等方面故障，需要对温度传感器（感温包）进行检测时，检测方法如图6-14所示。

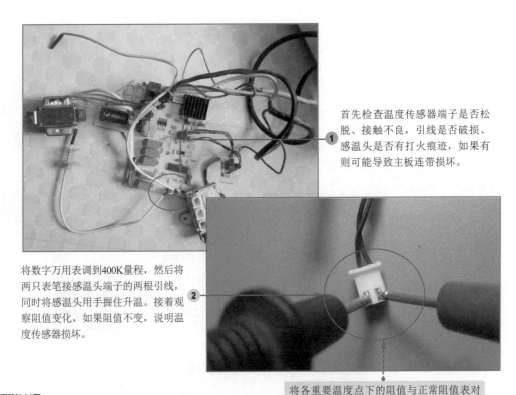

首先检查温度传感器端子是否松脱、接触不良，引线是否破损、感温头是否有打火痕迹，如果有则可能导致主板连带损坏。

将数字万用表调到400K量程，然后将两只表笔接感温头端子的两根引线，同时将感温头用手握住升温。接着观察阻值变化，如果阻值不变，说明温度传感器损坏。

（即扫即看）

将各重要温度点下的阻值与正常阻值表对应（至少测量常温和热水中的阻值），看是否一致，如果不一致则损坏。

图6-14　感温包故障测试

提示：也可以通过检测电压的方法检测。任何感温头静态时（上电没开机）的直流电压都应该在2~3V之间，高于4V或低于1V都是不正常的。压缩机排气温度传感器静态是5V，开机后直流电压会慢慢降下来，正常时也不会低于1V。

6.1.13　四通阀控制电路故障测试点及检测方法

当空调器出现不制热故障时，一般可能是四通阀控制电路出现了问题。四通阀控制电路中易损元器件主要包括继电器、滤波电容及四通阀等。如图6-15所示。

测量时将数字万用表调到直流电压40V挡，将两只表笔分别接四通阀端子引线进行测量。正常应有12V左右电压。如电压不正常，则检查12V稳压器及周边滤波电容。

图6-15　四通阀控制电路故障检测

首先确认在空调器处于制热状态时，四通阀控制电路中的继电器是否吸合。如果没有吸合，先检查继电器电磁铁连接的12V供电电压是否正常。将数字万用表调挡至直流电压挡40量程，将黑表笔接继电器线圈的一端，将红表笔接继电器线圈的另一只引脚，测量电压。正常为12V左右。

检测继电器供电电路中的保护二极管或R、C元器件。

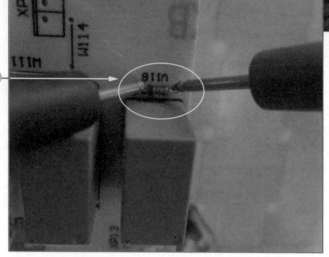

图6-15　四通阀控制电路故障检测（续）

6.1.14　室内风机故障测试点及检测方法

当室内机风扇出故障后，一般会发出噪音或无法运转。这需要重点检查风扇机械问题，检查接线端口、输入电压、运行电容、电机反馈信号等。如图6-16所示。

首先检查PG风扇电机接线端子是否松脱、接触不良。

图6-16　室内风机测试

用手晃动风扇风叶，正常时应感觉不到晃动。若风叶与电动机轴之间摆动很大，则可能是风叶与电动机轴固定螺钉松动；或是电动机轴承磨损，有间隙。对于电动机轴承磨损等问题，一般需要更换新的电机。

检查风扇电动机壳体温度。可以通过滴水检查。如果滴水发出响声且很快蒸发，则电动机有问题，说明风机已过载运行或出现故障。

接下来检测电机输入电压，将万用表调到交流400V挡，红表笔接风扇插座电源输入脚，黑表笔接地线脚，正常电压应在50V以上。

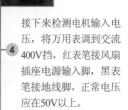

检查风扇电动机断线、短路和漏电故障。检修时，首先将电动机从电路板上取下，然后用指针万用表的R×10Ω挡，测量电动机各引线端之间的电阻，如果阻值为无穷大，说明绕组有断路故障；如果阻值为0，则绕组有短路故障。

图6-16　室内风机测试（续）

检测启动电容。用指针万用表的R×10K挡测量，将红黑表笔接启动电容两端，观察指针变化。正常情况下表针应首先朝顺时针方向（向右）摆动（此过程为电容器的充电过程），然后又慢慢地向左回归到无穷大。若测出阻值较小或为零，则说明电容已漏电损坏或存在内部击穿；若指针从始至终未发生摆动说明电容两极之间已发生断路。

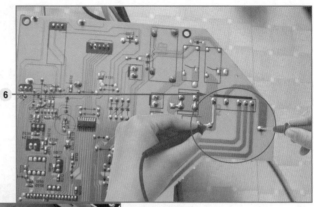

6

PG电机也可单独上电进行测试。测试时，可不带驱动板，接上风机电容后直接给电机的电源端通入交流电源测试是否能正常运转。

图6-16　室内风机测试（续）

6.1.15　室外风机故障测试点及检测方法

当室外风机不转，而压缩机正常运行的情况下，一般运行一会儿后会出现防高温等保护。主要原因为：室外风机电容损坏、电机本体卡死、损坏（异味、绕组开路或短路）、电机控制线路没有输出信号、继电器问题等。检测方法如图6-17所示。

（即扫即看）

1 首先检查室外机接线端子中的输入与反馈端接线是否松脱、接触不良、接线顺序错误。如果有，重新接线。

2 测量交流输入电压是否正常。6.1.1小节中已讲过，不再赘述。

图6-17　室外机风机故障测试

检查风叶是否裂碎，或有裂纹，电动机轴是否弯曲。用手晃动风扇风叶，正常时应感觉不到晃动。若风叶与电动机轴之间摆动很大，则可能是风叶与电动机轴固定螺钉松动；或是电动机轴承磨损，有间隙。

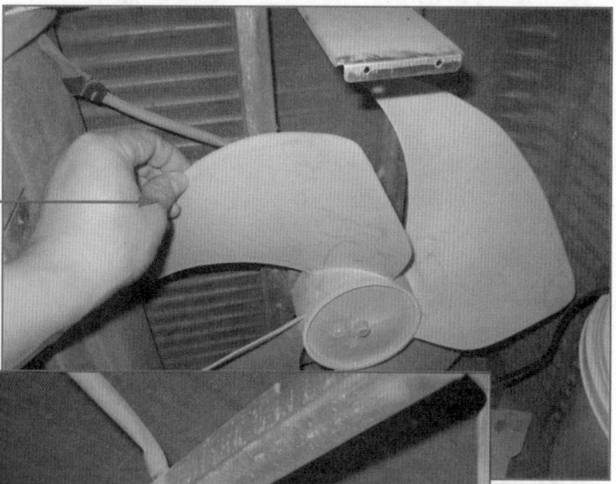

摸风扇电动机壳体温度。可以通过滴水检查。如果滴水发出响声且很快蒸发，则电动机有问题，说明风机已过载运行或已出现故障。

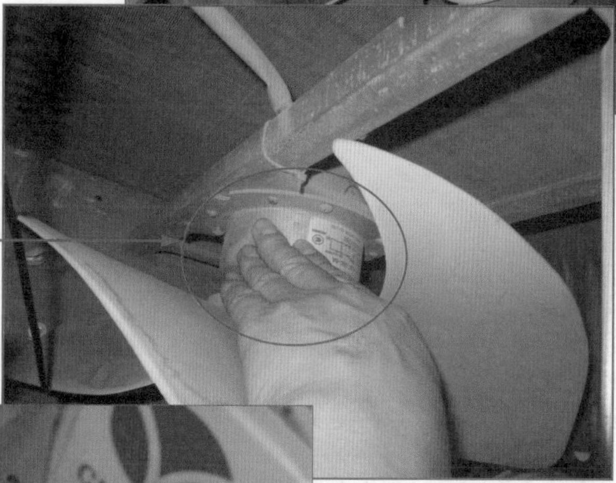

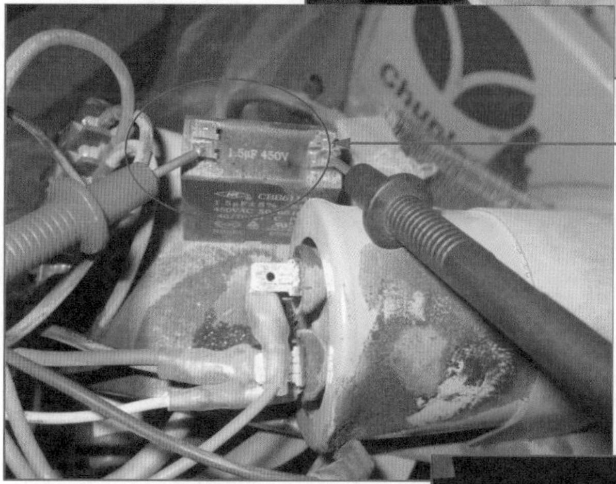

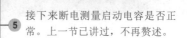
接下来断电测量启动电容是否正常。上一节已讲过，不再赘述。

检测电机是否正常。拔出风机的红、棕、黑色线（倒扣电器盒为OFAN端子线，对应有白、黑、蓝3根线），然后用万用表的电阻档测试三线两两之间的电阻，一般为几百欧，否则为开路，可确定为风机线圈烧坏。

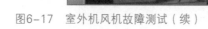
图6-17　室外机风机故障测试（续）

6.1.16　变频压缩机故障测试点及检测方法

空调器的变频压缩机常见故障主要有：压缩机吸排气性能差、压缩机轻微串气、压缩机本体泄漏、压缩机抖动、压缩机噪音大（吱吱声）、压缩机抱轴，卡缸等。

上述故障通常是由于变频压缩机性能变差，被锈蚀，内部有赃物，压缩机间隙过大，内部电动机损坏，机壳焊接处有砂眼，压缩机内部气阀关闭不严等引起。

在检测变频压缩机好坏的时候，除了检测压缩机的温度、压力等指标外，还需检测压缩机的电流和阻值。空调器变频压缩机正常工作电流一般为3A左右，在检修时，可以使用钳形表测量压缩机的工作电流，根据压缩机的工作电流来判断压缩机的故障。压缩机故障检测方法如图6-18所示。

①　在确定室外机电源电压正常的情况下。首先检查变频空调器室外机控制板上压缩机接线是否松脱、接触不良、接线顺序错误。如果有，重新接线。

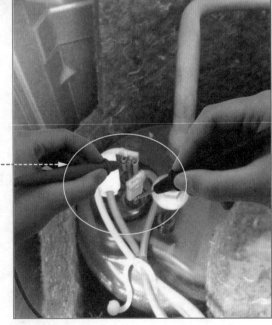

在确定接线正常的情况下，检查压缩机电机定子绕组U/V/W两两之间的阻值。正常一般为0.5~2Ω，且两两之间阻值应相等。检测时将数字万用表挡位调到欧姆挡的400挡，红黑表笔分别接三个端子中两个，测量其两两间的阻值。

图6-18　变频压缩机检测

压缩机出现卡缸、抱轴等故障后，常常会出现压缩机在通电后，过载保护器频繁动作，压缩机启动不起来的现象。严重时会导致电流迅速增大而使电动机烧毁，对于这种故障，在通电之前，用木锤或橡胶锤轻轻敲击压缩机的外壳，并不断变换敲击的位置。接通电源后，继续敲打直接到故障排除即可。

图6-18　变频压缩机检测（续）

6.1.17　启动电容故障测试点及检测方法

启动电容对于定频压缩机来说是非常重要的电子元器件，出现问题后，将导致压缩机无法启动工作。启动电容的检测方法如图6-19所示。

对启动电容的检测可以用指针万用表通过检测阻值来判定，前面已经讲过，不再赘述；除此之外还可以通过测量电压来判断好坏。因为正常的电容充电后，内部电会保留很长时间，所以先开机，再断电，这时用万用表测它的直流电压是可以测到的。如果测量时电容没有电压，表明它已经击穿（但必须确保电路有供电）。如果电容有电压，但电压下降很快，表明电容漏电比较严重。这种方法同样适用变频空调驱动大电容好坏检测。

图6-19　检测启动电容

6.2　空调器不开机故障维修实战

空调器整机不开机故障是插好电源线后，室内机上的指示灯、显示屏不亮，无法开机的故障。

6.2.1　不开机故障的原因分析

造成空调器不开机的原因很多，如电源线问题、遥控器问题、熔断器熔断、过载保护继电器动作、启动电容损坏、IPM模块损坏、通讯线路问题、电路板问题、压缩机问题等。如图6-20所示。

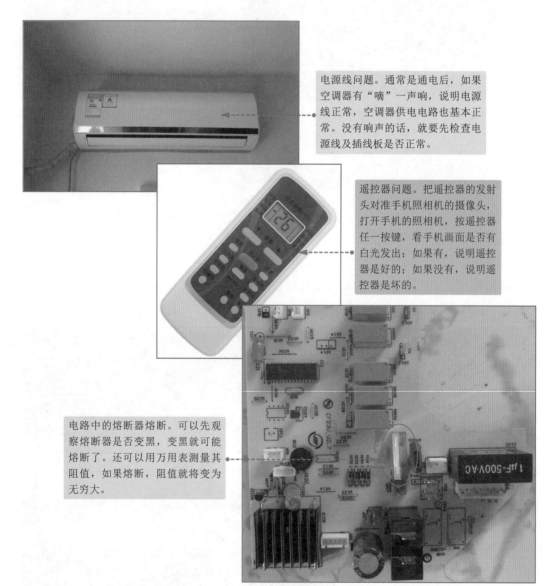

电源线问题。通常是通电后，如果空调器有"嘀"一声响，说明电源线正常，空调器供电电路也基本正常。没有响声的话，就要先检查电源线及插线板是否正常。

遥控器问题。把遥控器的发射头对准手机照相机的摄像头，打开手机的照相机，按遥控器任一按键，看手机画面是否有白光发出；如果有，说明遥控器是好的；如果没有，说明遥控器是坏的。

电路中的熔断器熔断。可以先观察熔断器是否变黑，变黑就可能熔断了。还可以用万用表测量其阻值，如果熔断，阻值就将变为无穷大。

图6-20　空调不开机故障原因

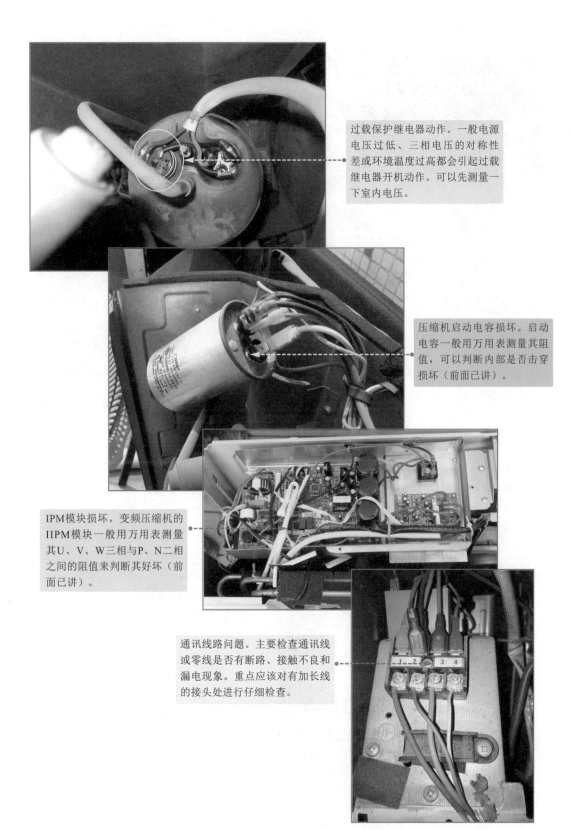

过载保护继电器动作。一般电源电压过低、三相电压的对称性差或环境温度过高都会引起过载继电器开机动作。可以先测量一下室内电压。

压缩机启动电容损坏。启动电容一般用万用表测量其阻值，可以判断内部是否击穿损坏（前面已讲）。

IPM模块损坏。变频压缩机的IIPM模块一般用万用表测量其U、V、W三相与P、N二相之间的阻值来判断其好坏（前面已讲）。

通讯线路问题。主要检查通讯线或零线是否有断路、接触不良和漏电现象。重点应该对有加长线的接头处进行仔细检查。

图6-20 空调不开机故障原因（续）

电路板问题。电路板中的滤波电容、分压电阻、开关管等属于易坏元器件。需要用万用表进行检测（前面已讲）。

压缩机损坏。可以用万用表检测任意两个绕组间的阻值来判断好坏（前面已讲）。

图6-20 空调不开机故障原因（续）

6.2.2 不开机故障维修实例

1. 海尔KFRD-120LW/5215柜机指示灯闪不开机故障

某公司机房的海尔KFRD-120LW/5215柜机，按遥控器开机按钮后，发现电源指示灯闪六下停一下然后又闪六下，无法正常开机。维修过程如图6-21所示。

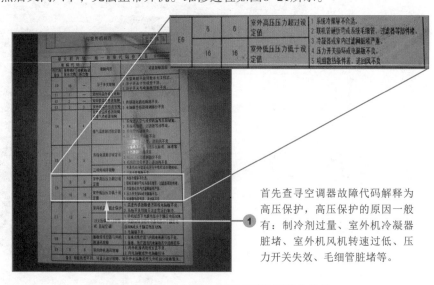

首先查寻空调器故障代码解释为高压保护，高压保护的原因一般有：制冷剂过量、室外机冷凝器脏堵、室外机风机转速过低、压力开关失效、毛细管脏堵等。

图6-21 海尔KFRD-120LW/5215柜机维修

初步检查发现室内外机都不工作，拿来清洗设备，把冷凝器和蒸发器都清洗了一下，然后开机测试，空调可以正常开机制冷，试机1小时，未出现故障，故障排除。

图6-21 海尔KFRD-120LW/5215柜机维修（续）

2. 惠而浦AVH-170FN2/C空调无法开机故障

用户惠而浦AVH-170FN2/C空调按电源开关后，无法开机，显示屏无显示，也无蜂鸣叫声。故障处理方法如图6-22所示。

根据故障初步判断故障可能与供电方面问题有关。首先用万用表测量220V输入电压，电压正常。

接着再测量稳压器7805输出端的5V电压，同样正常。初步判断电源板没有故障，故障可能在控制板。

图6-22 惠而浦AVH-170FN2/C空调维修

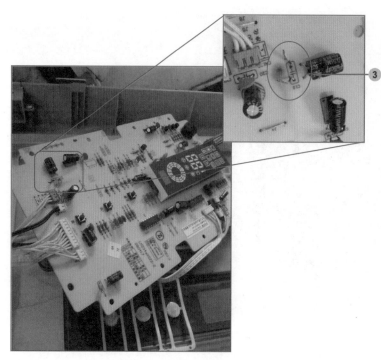

检查控制板，发现有个电容C19烧了。由于同类型电容已经找不到，根据附近电路判断应该和C20电容容量一样，为104电容。找来替换电容焊接好，开机测试。可以正常开机，制冷等功能也正常。继续试机1小时，未再出现问题，故障排除。

图6-22　惠而浦AVH-170FN2/C空调维修（续）

3. 科龙KFR-35GGW空调不开机故障

用户一台科龙KFR-35GGW空调器按遥控器开机按钮，无法开机，显示屏无显示。此故障维修方法如图6-23所示。

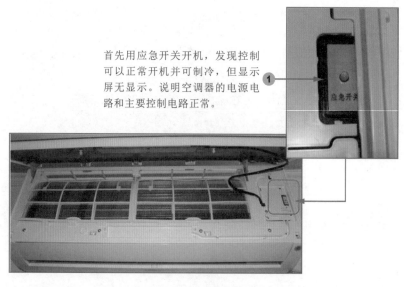

首先用应急开关开机，发现控制可以正常开机并可制冷，但显示屏无显示。说明空调器的电源电路和主要控制电路正常。

图6-23　科龙KFR-35GGW空调不开机故障

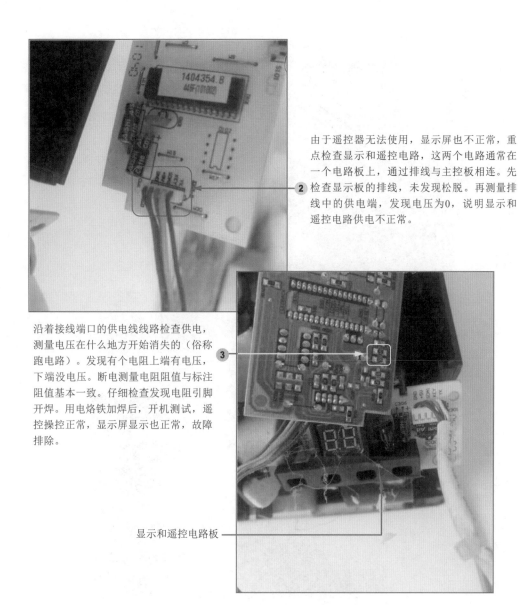

由于遥控器无法使用，显示屏也不正常，重点检查显示和遥控电路，这两个电路通常在一个电路板上，通过排线与主控板相连。先检查显示板的排线，未发现松脱。再测量排线中的供电端，发现电压为0，说明显示和遥控电路供电不正常。

沿着接线端口的供电线路线路检查供电，测量电压在什么地方开始消失的（俗称跑电路）。发现有个电阻上端有电压，下端没电压。断电测量电阻阻值与标注阻值基本一致。仔细检查发现电阻引脚开焊。用电烙铁加焊后，开机测试，遥控操控正常，显示屏显示也正常，故障排除。

显示和遥控电路板

图6-23　科龙KFR-35GGW空调不开机故障（续）

6.3　不制冷/不制热故障维修实战

空调器不制冷/不制热故障是指空调器能开机运行，只吹风不制冷或只吹风不制热。

6.3.1　不制冷/不制热故障的原因分析

空调器不制冷/不制热故障的原因主要有：缺少冷媒、室外机风扇问题、压缩机过载保护、外界环境温度过高、温度传感器问题、室外机和室内机之间的铜管过长等。如图6-24所示。

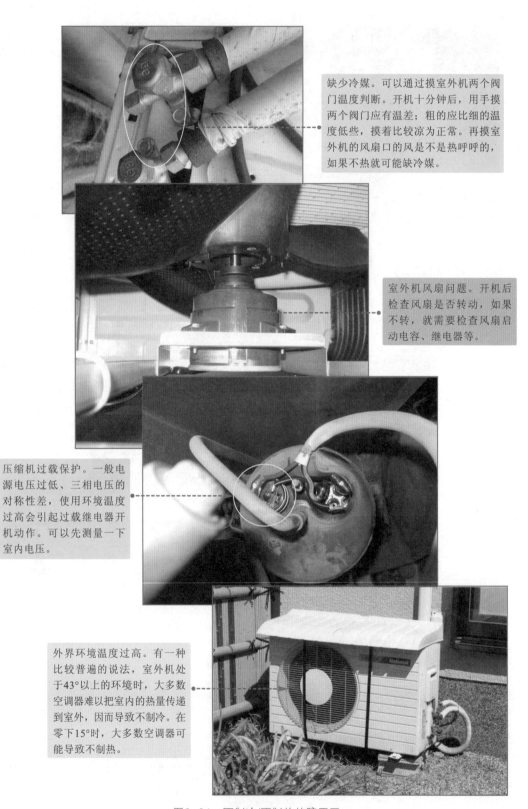

缺少冷媒。可以通过摸室外机两个阀门温度判断。开机十分钟后，用手摸两个阀门应有温差；粗的应比细的温度低些，摸着比较凉为正常。再摸室外机的风扇口的风是不是热呼呼的，如果不热就可能缺冷媒。

室外机风扇问题。开机后检查风扇是否转动，如果不转，就需要检查风扇启动电容、继电器等。

压缩机过载保护。一般电源电压过低、三相电压的对称性差，使用环境温度过高会引起过载继电器开机动作。可以先测量一下室内电压。

外界环境温度过高。有一种比较普遍的说法，室外机处于43°以上的环境时，大多数空调器难以把室内的热量传递到室外，因而导致不制冷。在零下15°时，大多数空调器可能导致不制热。

图6-24 不制冷/不制热故障原因

温度传感器问题。如果室内交换器热敏电阻短路损坏，室内面板上工作指示灯在开与关状态闪动，室外停止工作而室内机只实现送风功能，则是温度传感器问题。

连接室内机和室外机的铜管过长。空调器的连接管路最大允许长度的规定：1匹最长不能超过8m，1.5~2匹最长不能超过10m，2匹以上不能超过15m。室内、外机的高度差不超过5m。

图6-24　不制冷/不制热故障原因（续）

6.3.2　不制冷/不制热故障维修实例

1. 海信KFR-2608GW/BP变频空调器不制冷故障

海信KFR-2608GW/BP空调器开机可以听到"嘀"的一声，但不制冷。初步检查发现室外机风机不转，室内机风机也不转。此故障维修方法如图6-25所示。

首先拆开室外机检查，发现室外机电路板指示灯亮，且开机可以听到主继电器吸合声，但压缩机不转。接着测量主要电压参数，交流220V、直流310V、直流15V、直流5V电压均正常。观察模块指示灯，发现连续闪烁12次，查询代码表解释为功率模块故障。

图6-25　海信KFR-2608GW/BP空调器不制冷故障维修

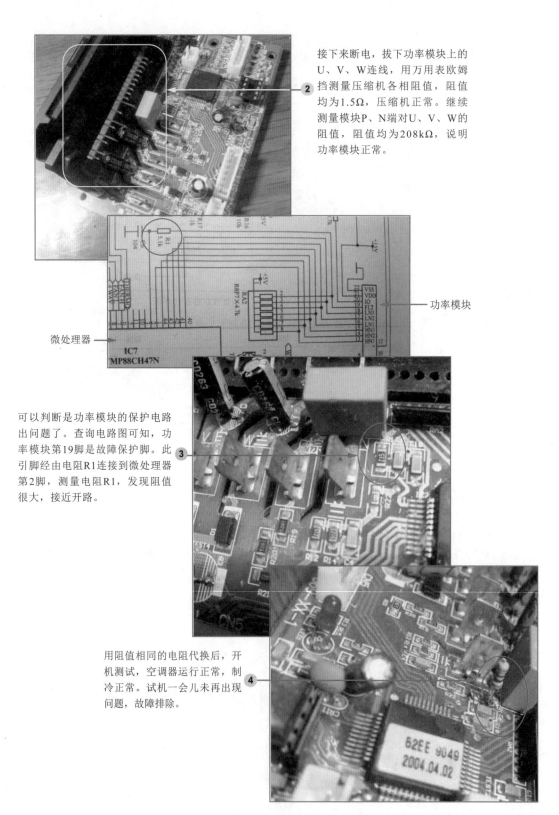

接下来断电，拔下功率模块上的U、V、W连线，用万用表欧姆挡测量压缩机各相阻值，阻值均为1.5Ω，压缩机正常。继续测量模块P、N端对U、V、W的阻值，阻值均为208kΩ，说明功率模块正常。

功率模块

微处理器

可以判断是功率模块的保护电路出问题了。查询电路图可知，功率模块第19脚是故障保护脚。此引脚经由电阻R1连接到微处理器第2脚，测量电阻R1，发现阻值很大，接近开路。

用阻值相同的电阻代换后，开机测试，空调器运行正常，制冷正常。试机一会儿未再出现问题，故障排除。

图6-25　海信KFR-2608GW/BP空调不制冷故障维修（续）

2. 美的MDVH-J140W/S-511中央空调器不制冷也不制热故障

用户一台美的MDVH-J140W/S-511中央空调器，为1拖4，可以开机，但不制冷也不制热。此故障维修方法如图6-26所示。

① 拆开故障外机接电开机检查，此中央空调器由1个定频压缩机和1个变频压缩机并行运行，双4通阀，4线三相380V电源，共3块电路板。

② 主板LED显示4，说明4台室内机通讯正常，没有故障代码。接着按主板cool键强制冷，发现变频压缩机运转5秒后转速降低并逐渐停转，两只室外机风机一直正常转动，空调器不制冷，主板无故障代码。

③ 接下来先测量功率模块是否正常，测量功率模块的P、N端输入电压，发现输入电压有些不正常，在空调压缩机启动前为310V，启动后变为了90V。怀疑功率模块整流滤波电路问题，先测量整流堆输入端L、N电压，发现输入电压为63V，正常为220V。

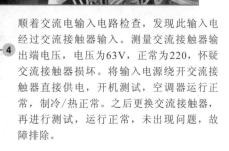

④ 顺着交流电输入电路检查，发现此输入电经过交流接触器输入。测量交流接触器输出端电压，电压为63V，正常为220，怀疑交流接触器损坏。将输入电源绕开交流接触器直接供电，开机测试，空调器运行正常，制冷/热正常。之后更换交流接触器，再进行测试，运行正常，未出现问题，故障排除。

图6-26　美的MDVH-J140W/S-511中央空调不制冷不制热故障维修

6.4　可以制冷不制热故障维修实战

可以制冷但不制热故障是指空调器在制冷状态是运行正常，但切换到制热状态时，不能制热。

6.4.1　可以制冷不制热故障的原因分析

可以制冷不制热故障的原因主要有：四通阀问题、单向阀堵、辅助电加热功能失效等，如图6-27所示。

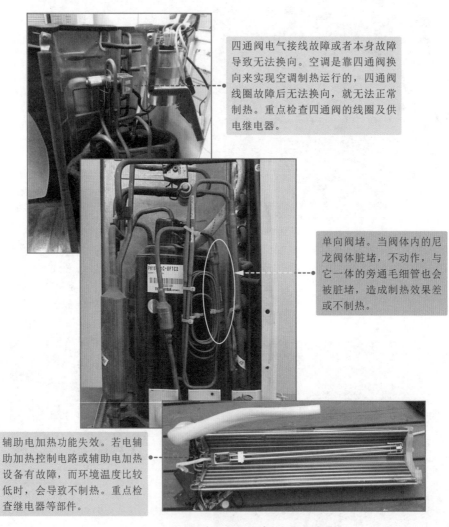

四通阀电气接线故障或者本身故障导致无法换向。空调是靠四通阀换向来实现空调制热运行的，四通阀线圈故障后无法换向，就无法正常制热。重点检查四通阀的线圈及供电继电器。

单向阀堵。当阀体内的尼龙阀体脏堵，不动作，与它一体的旁通毛细管也会被脏堵，造成制热效果差或不制热。

辅助电加热功能失效。若电辅助加热控制电路或辅助电加热设备有故障，而环境温度比较低时，会导致不制热。重点检查继电器等部件。

图6-27　可以制冷不制热故障的原因分析

6.4.2　可以制冷但不制热故障维修实例

1. 格力KFR-32W/EKA空调器可以制冷但不制热故障

客户一台格力KFR-32W/EKA空调器制冷正常，但切换到制热模式时，刚开机有微弱的热风吹出，大概一分钟左右就变成凉风了。此故障维修方法如图6-28所示。

① 初步检查，开机后，观察室外机和室内机风扇转动正常，开始吹凉风后，用手摸室外机高、低压阀，都是凉的。

② 因为可以制冷，不能制热，怀疑四通换向阀有问题。打开外机壳进一步检查，在通电状态下测量四通换向阀供电电压，电压正常。

拔掉电源，测量四通换向阀线圈阻值，发现不稳定，怀疑四通换向阀线圈有故障。更换四通换向阀后，开机测试，制热正常，继续测试一会儿，未出现问题，故障排除。

③

图6-28 格力KFR-32W/EKA空调器可以制冷不制热故障维修

2. 格力睡梦宝变频空调器不制热故障

一台格力睡梦宝变频空调开机几秒后，显示故障代码为LD，不制热。此故障维修方法如图6-29所示。

查故障代码LD，解释为缺相。初步检查，遥控正常，室内机导风板可以打开，但室外机不工作。 ①

根据故障代码分析，缺相可能与压缩机有关。先测量室外机的结构关键电压：220V电源电压、310V直流电压、15V直流电压、5V直流电压均正常。 ②

检查变频压缩机，测量其绕组电阻，拆下压缩机上的接线后发现，接头盖被烧坏，压缩机没有供电了。更换了压缩机连接线后，开机测试，空调制热正常，故障排除。 ③

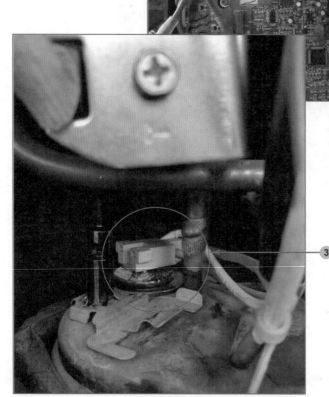

图6-29 格力睡梦宝变频空调器不制热故障维修

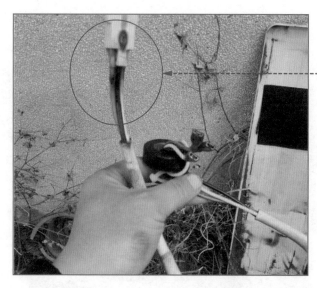

烧坏的压缩机连接线

图6-29 格力睡梦宝变频空调器不制热故障维修（续）

6.5 空调器制冷/制热效果差故障维修实战

空调器制冷/制热效果差故障是指在使用空调器制冷/制热时，达不到设定的温度。

6.5.1 制冷/制热效果差故障的原因分析

引起制冷/制热效果差的故障原因主要有：系统冷媒有泄漏、蒸发器过滤网脏堵、冷凝器脏堵严重、毛细管脏堵、蒸发器脏堵、单向阀脏堵、室内外机电机损坏转速偏低、四通换向阀串气、压缩机串气或运转不正常、房间面积与机器大小不匹配、用户遥控器设置不正确或使用习惯不合理等。具体分析如图6-30所示。

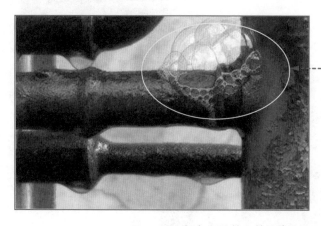

系统冷媒有泄漏。主要检测压缩机额定运转时的系统压力、内机出风温度、整机电流值来判断是否有冷媒泄漏。

图6-30 制冷/制热效果差故障的原因

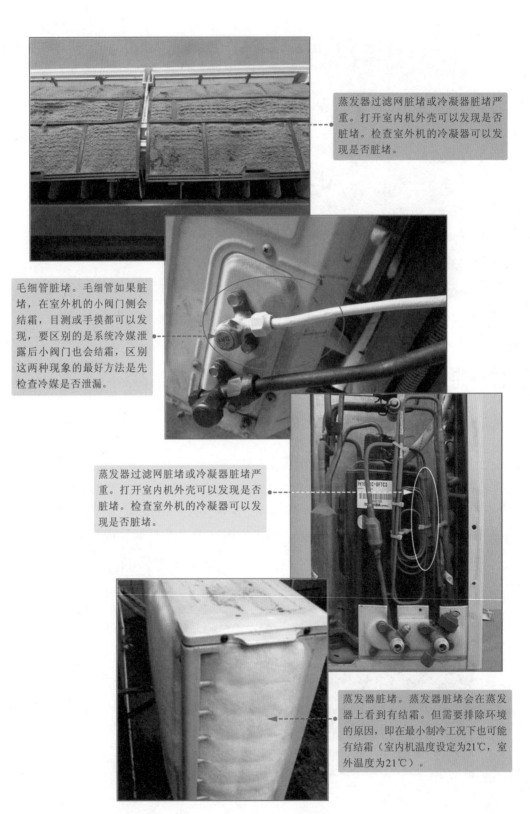

蒸发器过滤网脏堵或冷凝器脏堵严重。打开室内机外壳可以发现是否脏堵。检查室外机的冷凝器可以发现是否脏堵。

毛细管脏堵。毛细管如果脏堵，在室外机的小阀门侧会结霜，目测或手摸都可以发现，要区别的是系统冷媒泄露后小阀门也会结霜，区别这两种现象的最好方法是先检查冷媒是否泄漏。

蒸发器过滤网脏堵或冷凝器脏堵严重。打开室内机外壳可以发现是否脏堵。检查室外机的冷凝器可以发现是否脏堵。

蒸发器脏堵。蒸发器脏堵会在蒸发器上看到有结霜。但需要排除环境的原因，即在最小制冷工况下也可能有结霜（室内机温度设定为21℃，室外温度为21℃）。

图6-30 制冷/制热效果差故障的原因（续）

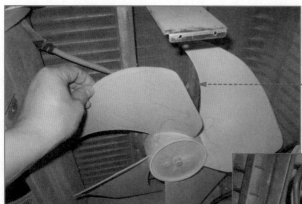

室内外机电机损坏转速偏低。一般先考虑电路板中元器件问题，排除电路板故障后，再换电机。

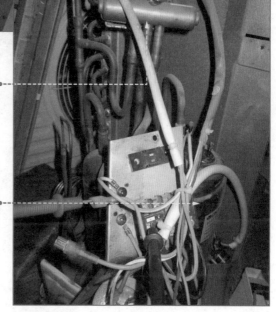

四通换向阀串气。四通阀串气可以通过摸阀前阀后温度判定。

压缩机串气或运转不正常。这种状况比较难查，如能排除冷媒泄露等其他原因，可以测一下压缩机吸排气温度来判断压缩机是否有问题。

遥控器设定习惯也有一定原因，首先要了解客户平时是怎么用的，有些客户喜欢开低风挡，效果肯定差，因为在某些工况下，室内机因为会防高温，防冷风保护，对低风挡会限制压缩机频率上升。

图6-30 制冷/制热效果差故障的原因（续）

6.5.2 制冷/制热效果差故障维修实例

1. 海尔KFR-35GW变频空调器制冷效果差故障

用户一台已经使用了6年的海尔KFR-35GW变频空调器运行正常，但制冷效果差，此故障维修方法如图6-31所示。

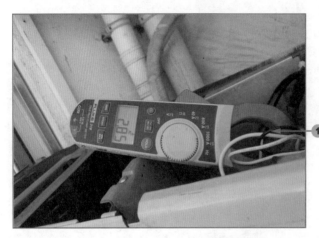

初步判断可能是缺冷媒，用压力表和钳表开机测试，压力和电流均正常。但10分钟后，压力升高，电流增大当电流达到10A的时候。压缩机停止，10分钟以后压缩机又开始启动，周而复始。

①

根据故障现象怀疑冷媒过多，或有冰堵、脏堵等问题，通过了解得知该空调器之前没修过，基本排除冷媒过多问题。查看发现冷凝器落满了厚厚的灰尘，扫净后，开机测试，空调制冷效果恢复，继续测试一小时未再出现问题，故障排除。

② ——

图6-31　海尔KFR-35GW变频空调器制冷效果差维修

2. 扬子KFRd-72LW空调器制热效果差故障

用户一台扬子KFRd-72LW空调器制热效果差，温度最高到16℃就不上升了。此故障维修方法如图6-32所示。

初步检查，用手感觉了一下出风口，温温的，没有热呼呼的感觉，检查室外机低压阀连接管（粗管）烫手，高压阀连接管（细管）是温的，工作基本正常。①

怀疑是空调器电加热工作异常，拆开室内机测量电加热继电器输出电压，电压为0，正常应为220V，确定是继电器损坏了。②

更换继电器后，重新安装好进行试机，制热效果良好，故障排除。③

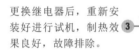

图6-32　扬子KFRd-72LW空调器制热效果差故障维修

6.6　空调器频繁停机故障维修实战

空调频繁停机故障是指空调器运行时，不断的启动和停止，频率过于频繁。

6.6.1 空调器频繁停机故障的原因分析

空调器频繁停机故障的原因主要有：房间较小空调功率较大、电压异常、冷凝器散热不佳、制冷剂过量等。如图6-33所示。

房间较小空调器功率较大。房间大小与机型能力不匹配，造成能力过剩，频繁停机。
室内电压异常。电压异常压缩机出现过流保护。空调器电压幅度上下不能超过10%。可以用万用表测量室内电压是否稳定。

冷凝器散热不佳，通风不良。检查室外机，清除冷凝器灰尘，去除风口障碍物。

冷媒过量。冷媒过量造成管内压力太大，压力开关自我保护。

图6-33 空调器频繁停机故障的原因

6.6.2 空调器频繁停机故障维修实例

1. 奥克斯KFR-25GW/NFW空调器频繁启停故障

一台奥克斯KFR-25GW/NFW空调器频繁启停，室内机能正常遥控运行，但室外机在3分钟左右启停，不制冷。此故障维修方法如图6-34所示。

初步判断制冷系统有问题。用压力表测试低压侧压力，发现压力不正常，停机时平衡压力为1.1Mpa，启动后逐渐降到0.1Mpa，再次停机后逐渐返回平衡压力。

测量时发现高压管有结霜问题，拆开外壳，发现在外机运行时从过滤器开始到毛细管到高压管全部结霜，怀疑过滤器脏堵，更换新过滤器后试机，空调恢复正常。继续试机1小时，未出现问题，故障排除。

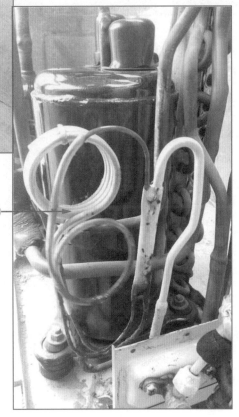

图6-34　奥克斯KFR-25GW/NFW空调器频繁启停故障维修

2. 海尔KFR-35GW空调器外机频繁启动故障

一台海尔KFR-35GW空调器开机后，室外机启停频繁而且制冷效果很差，室外机的噪音很大。此故障维修方法如图6-35所示。

初步检查，发现空调器压缩机的启动频繁，不在正常范围之内，运行十几分种后，压缩机噪音变大，过一会儿压缩机停转，室内机只送风。

怀疑是冷凝器脏堵引起的，对室外机冷凝器进行清洁后试机，压缩机依然启停不正常。但试机时，发现室外机风机转速明显偏低。接着测量室外机风机电压，继电器输出电压正常。断电后再测量风机启动电容，发现容量变小损坏。更换相同规格的电容后试机，工作正常，制冷效果变好，故障排除。

图6-35　海尔KFR-35GW空调外机频繁启动故障维修

6.7　空调器噪音/异响故障维修实战

空调噪音/异响故障是指空调器开机启动后，发出嗡嗡声、振动碰撞声、风扇噪音等异响的故障。

6.7.1　空调器噪音/异响故障的原因分析

常见的空调器噪音/异响现象主要有：空调电磁声（有点像飞机升降的声音）、室外机碰响或者压缩机不连续的"嗡嗡"声、低频振动碰撞的声音、室外机传入室内机的声音（制冷和制热都存在）、室内机风声、电机噪声、扫风叶片声音、热胀冷缩的声音、室内机液流声等。

空调器噪音/异响故障的原因分析如图6-36所示。

电磁声。一般为压缩机高频工作或者升降频时，室外机发出的声音。这是正常工作的声音，可以通过限制最高频率来调节。

外机碰响或者压缩机不连续的"嗡嗡"声。一般为压缩机松动后与其他部件碰撞的声音。重点检查压缩机螺栓是否倾斜。

低频振动碰撞的声音。这种声音一般为明显的撞击的声音。主要检查室外机内部，把间隙小、发生碰撞的部位进行调节，保证运行时不发生碰撞。

室外机传入室内机的声音。空调器运行的时候，特别是低风档，能明显地听到类似制冷剂脉动的声音（制冷和制热都存在）。这种声音一般是由低压阀门连接管处发出的，在大阀门连接管处增加消音器即可。

图6-36　空调噪音/异响故障的原因

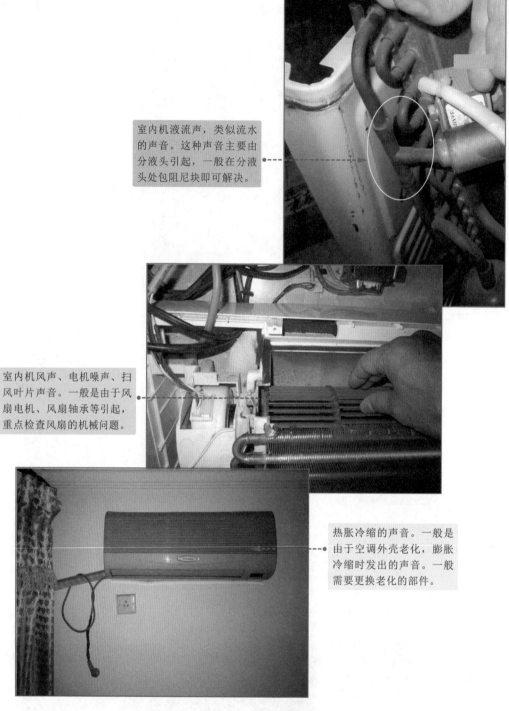

室内机液流声,类似流水的声音。这种声音主要由分液头引起,一般在分液头处包阻尼块即可解决。

室内机风声、电机噪声、扫风叶片声音。一般是由于风扇电机、风扇轴承等引起,重点检查风扇的机械问题。

热胀冷缩的声音。一般是由于空调外壳老化,膨胀冷缩时发出的声音。一般需要更换老化的部件。

图6-36 空调噪音/异响故障的原因(续)

6.7.2 空调器噪音/异响故障维修实例

1. 美的KFR-35GW/BP2DY-M空调器运行时发出"嗡嗡"的响声

一台美的KFR-35GW/BP2DY-M空调器开机运行正常，但室外机噪音很大，发出明显的"嗡嗡"响声。此故障维修方法如图6-37所示。

重点检查室外机。拆开室外机检查，观察管路是否存在碰撞现象。观察后发现压缩机位置不正，压缩机整体向外倾斜，与外壳接触，压缩机运转时，异响通过定位螺栓传递到室外机钣金件上，造成"嗡嗡"噪音。

回收制冷剂，拆下室外机，拆下底盘校正三个定位螺栓及压缩机底角，重新装好，装上外机。开机试机，噪声消失，故障排除。

图6-37 美的KFR-35GW/BP2DY-M空调运行时发出"嗡嗡"的响声故障维修

2. 格力KFR-26GW空调器开机后噪音很大，像拖拉机的声音故障

一台格力KFR-26GW空调器开机后，室内机噪音很大，像拖拉机的声音。此故障维修方法如图6-38所示。

初步检查，噪音是室内机的风扇处发出的，怀疑风扇的轴承已经磨损，声音随着风扇的转动，有规律的时大时小。

断开电源，拆开室内机外壳，拆下挡风板和换向叶组件，看到风扇布满了灰尘。接下来用刷子把风扇扇叶都清理了一遍，然后接电开机进一步检查，发现清理灰尘后，噪音消失。

图6-38 格力1P单冷空调开机后噪音维修

6.8 空调器开机运行一会儿后自动关机故障维修实战

空调开机运行一会儿后自动关机故障是指空调器开机运行正常，但是运行一会儿之后会自动关机，之后再重新开机，不断重复上面的故障现象。

6.8.1 空调器开机运行一会儿后自动关机故障的原因分析

空调器开机运行一会儿后自动关机故障的原因主要有：电压不稳、室外机冷凝器脏堵、室外机风机问题、控制电路板问题等。具体分析如图6-39所示。

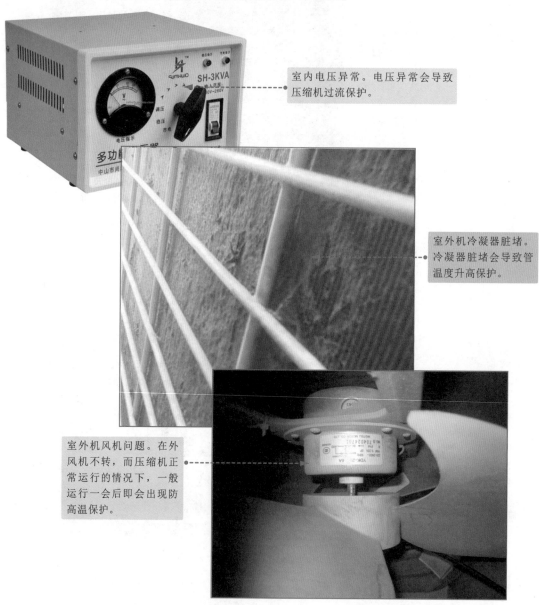

室内电压异常。电压异常会导致压缩机过流保护。

室外机冷凝器脏堵。冷凝器脏堵会导致管温度升高保护。

室外机风机问题。在外风机不转，而压缩机正常运行的情况下，一般运行一会后即会出现防高温保护。

图6-39 空调器开机运行一会儿后自动关机故障的原因

控制电路板的电源电路中某些元器件性能下降时，会导致运行一会儿关机的现象。

图6-39+　空调器开机运行一会儿后自动关机故障的原因（续）

6.8.2　空调器开机运行一会儿后自动关机故障维修实例

1. 格力凯迪斯KFR-32GW变频空调器运行一会儿后自动关机故障

一台格力凯迪斯KFR-32GW变频空调器开机运行，显示E6故障代码，但制冷正常，运行一会儿后自动关机。此故障维修方法如图6-40所示。

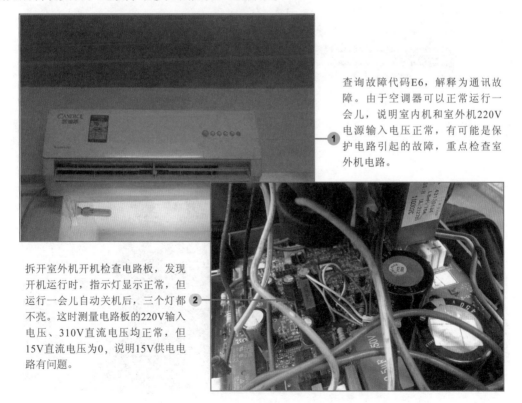

查询故障代码E6，解释为通讯故障。由于空调器可以正常运行一会儿，说明室内机和室外机220V电源输入电压正常，有可能是保护电路引起的故障，重点检查室外机电路。

拆开室外机开机检查电路板，发现开机运行时，指示灯显示正常，但运行一会儿自动关机后，三个灯都不亮。这时测量电路板的220V输入电压、310V直流电压均正常，但15V直流电压为0，说明15V供电电路有问题。

图6-40　格力凯迪斯变频空调器自动关机故障维修

测量到开关电源（P1027P65）的第5脚和第8脚（8脚为接地脚）之间电压，电压为330V，电压正常。断电测量变压器各引脚的阻值，也正常。怀疑开关电源模块P1027P65有问题，找来开关电源模块代换，然后开机测试1小时，运行正常未出现关机问题，故障排除。

③

图6-40　格力凯迪斯变频空调器自动关机故障维修（续）

2. 志高 KFR-35GW/MD空调器开机1分钟后停机故障

一台志高KFR-35GW/MD空调器开机可以正常制冷，但1分钟后，停止制冷，室内机风扇还在吹风。此故障维修方法如图6-41所示。

①　初步检查，发现开机运行1分钟后，室外机停转，室内机风机在运转，没有显示故障代码。

怀疑感温头有问题，接下来先测量环境温度和管温度的感温头，阻值在合理范围内，未损坏。但测量管感温头时，发现贯流风扇电机的一条白色线断开了。重新接好电线，然后开机测试，运行正常，故障排除。

②

图6-41　志高空调开机1分钟后停机故障维修

读 者 意 见 反 馈 表

亲爱的读者：

感谢您对中国铁道出版社有限公司的支持，您的建议是我们不断改进工作的信息来源，您的需求是我们不断开拓创新的基础。为了更好地服务读者，出版更多的精品图书，希望您能在百忙之中抽出时间填写这份意见反馈表发给我们。随书纸制表格请在填好后剪下寄到：北京市西城区右安门西街8号中国铁道出版社有限公司大众出版中心 荆波收（邮编：100054）。或者采用传真（010-63549458）方式发送。此外，读者也可以直接通过电子邮件把意见反馈给我们，E-mail地址是：176303036@qq.com。我们将选出意见中肯的热心读者，赠送本社的其他图书作为奖励。同时，我们将充分考虑您的意见和建议，并尽可能地给您满意的答复。谢谢！

- -

所购书名：＿＿＿＿＿＿＿＿＿＿＿＿＿＿＿＿＿＿＿＿＿

个人资料：

姓名：＿＿＿＿＿＿＿＿＿　性别：＿＿＿＿＿　年龄：＿＿＿＿＿＿　文化程度：＿＿＿＿＿＿＿

职业：＿＿＿＿＿＿＿＿＿＿＿电话：＿＿＿＿＿＿＿＿＿＿E-mail：＿＿＿＿＿＿＿＿＿＿

通信地址：＿＿＿＿＿＿＿＿＿＿＿＿＿＿＿＿＿＿＿＿＿邮编：＿＿＿＿＿＿＿＿＿＿

- -

您是如何得知本书的：

□书店宣传 □网络宣传 □展会促销 □出版社图书目录 □老师指定 □杂志、报纸等的介绍 □别人推荐
□其他（请指明）＿＿＿＿＿＿＿＿＿＿＿＿＿＿＿＿＿＿＿＿＿＿＿＿＿＿＿＿＿＿

您从何处得到本书的：

□书店 □邮购 □商场、超市等卖场 □图书销售的网站 □培训学校 □其他

影响您购买本书的因素（可多选）：

□内容实用 □价格合理 □装帧设计精美 □带多媒体教学光盘 □优惠促销 □书评广告 □出版社知名度
□作者名气 □工作、生活和学习的需要 □其他

您对本书封面设计的满意程度：

□很满意 □比较满意 □一般 □不满意 □改进建议

您对本书的总体满意程度：

从文字的角度 □很满意 □比较满意 □一般 □不满意
从技术的角度 □很满意 □比较满意 □一般 □不满意

您希望书中图的比例是多少：

□少量的图片辅以大量的文字 □图文比例相当 □大量的图片辅以少量的文字

您希望本书的定价是多少：

本书最令您满意的是：

1.

2.

您在使用本书时遇到哪些困难：

1.

2.

您希望本书在哪些方面进行改进：

1.

2.

您需要购买哪些方面的图书？对我社现有图书有什么好的建议？

您更喜欢阅读哪些类型和层次的书籍（可多选）？

□入门类 □精通类 □综合类 □问答类 □图解类 □查询手册类 □实例教程类

您在学习计算机的过程中有什么困难？

您的其他要求：